花坛全典

叶剑秋 著

花坛（ornamental bedding）是绿地中花卉布置最精细的形式之一。通常外形为几何图形，植物材料多用一、二年生花卉（或部分球根花卉）。所用花卉的花期、花色、株型，甚至株高整齐一致，配置协调，具有规则的、群体的、呈现图案效果的特点。花坛内的花卉需要随季节更换，以满足周年观赏的效果。

中国林业出版社

图书在版编目（CIP）数据

花坛全典 / 叶剑秋著. -- 北京 : 中国林业出版社,

2024. 12. -- ISBN 978-7-5219-2981-2

Ⅰ. S688.3

中国国家版本馆CIP数据核字第2024W6Y198号

策划编辑：贾麦娥

责任编辑：贾麦娥

装帧设计：刘临川

出版发行：中国林业出版社

（100009，北京市西城区刘海胡同7号，电话83143562）

电子邮箱：cfphzbs@163.com

网址：https://www.cfph.net

印刷：河北京平诚乾印刷有限公司

版次：2024年12月第1版

印次：2024年12月第1次

开本：787mm×1092mm 1/16

印张：27.75

字数：698千字

定价：188.00元

前 言

《花坛全典》作为《花境全典》的姐妹篇即将呼之欲出。花坛于 20 世纪初便引入我国，几乎与世界花坛的流行期同步，而如今的发展却与花坛的发源地欧美国家形成了巨大的差距。纵观世界花坛的发展史，一、二年生花卉非但没有被削弱，花坛的应用形式正在不断地繁荣与发展。“花坛植物”已经成为欧美花卉产业中最大的板块，而国内的花园从业者却对本该熟悉的花坛产生了迷惑、偏颇和怀疑。为了更好地理解花坛的应用与发展，急需一本系统的专业理论和专业指导的花坛书籍。

其实，我国近几十年来的花卉产业发展，花坛植物的品种引进和生产是相对比较成熟的板块，花坛花卉的生育期短，花坛的落地性和可操作性强，易产生即时效果，似乎更适合我国的国情。本书是基于笔者 40 余年的花坛理论研究与实践，分别有 20 年的花卉教学、科研工作，以及 20 多年国际花坛植物头牌公司的经历，特别是自 2009 年至今，作为上海地区公园、绿地花坛评比活动的主要评委、技术顾问和指导专家，系统地收集了上海地区花坛尝试与发展的翔实资料。整书的编写充分结合了我国从业人员的专业背景和花园营造的实际情况，沿用了《花境全典》的以下写作特点。

言之有物：体现在对花坛的溯源和考证都是建立在笔者多次实地到访世界各地的花园、对史料的验证的基础之上。大量文献资料的佐证，内容翔实、涉及面广，所有的实地考察、人物专访、照片拍摄都由笔者亲历亲为。

言之有理：阐述花坛理论与技术引用的原理、原则指导性强。40 个图解式案例贯穿全书，举一反三，1100 多张逼真的照片助力于图文并茂，有利于读者巩固理论与技术的知识点。

言之有序：书中的理论处处与实践紧密结合，逻辑缜密；信息观点新颖。阅读有着很强的参与感，犹如跟着笔者周游世界花园，通过赏析花坛，领悟花坛的知识和技能。

言之有用：花坛理论系统而实用，花坛技术可操作性强，内容涉及花坛的起源、概念、类型、设计、施工和养护，涵盖了花坛的前世今生，是一本难得的教科书般的花坛全典。

本书的出版要感谢上海园林管理部门提供的很好的实践平台，特别是上海市公园事务管理中心、上海公园行业协会和上海绿化指导站等高效率的组织和十多年的坚持，使花坛得到了有益的尝试、健康的发展，花坛技术水平逐年提高。本书的许多有价值的经验都凝聚着上海园林行业无数管理者的心血和付出，更是无数一线施工师傅的匠心铸就了上海园林中花坛水平的提高。谨以此书的诞生，致敬所有为花坛事业发展的奉献者。本书的推出也希望能为建设公园城市贡献一份力量，更愿意与全国园林界的同仁交流共勉，由于笔者水平有限，不当之处在所难免，恳请广大读者批评指正。

叶剑秋

2024 年 11 月于上海

目录

第四章 花坛的施工与要领

第五章 花坛的养护与技术

第六章 花坛的变化与发展

第一章

花坛的起源与发展

01 花坛的前世今生

花坛的前世

结园（knot gardens）

结园作为花园中最早讲究对称、几何形构图的植物装饰形式被认为是花坛的起源，或称之为花坛的前世。结园出现在15～16世纪的欧洲，正处在文艺复兴的高潮期，各类文化、艺术高度发展。因此，结园也有被认为产生于文艺复兴的发源地意大利，但更多学者则认为结园源于英国民间的乡村。结（Knot）一词，首先想到的是编结毛衣的图案，有时会翻译成结编花园。结园极有可能起源于英国的都铎王朝时期（Tudor Time）。结园的最初形态不是现在看到的那样，以低矮的黄杨，修剪整齐的图案构成的花园。结园始于民间的厨房花园，是人们用迷迭香、薰衣草、银香菊等香料植物，按交错的编结图案种植的花园。结园的出现，标志着人们开始在花园内欣赏规则的几何美。汉普顿宫（Hampton Court Palace），位于伦敦西南部泰晤士河边的里士满，始建于1515年，王宫完全依照都铎式风格兴建，是当时全英国最华丽的建筑。宏伟的宫殿建筑前至今保留着最初形态的结园。

伊丽莎白一世时期，结编花园在宫殿花园中流行，标志着结园成为花园展示观赏作用的形式。哈特菲尔德宫（Hatfield）从1497年到17世纪初，都是皇家花园，伊丽莎白一世在此长大。这个皇宫周边由4个花园组成。结园是其中的一个，至今仍然完整地保存着。哈特菲尔德的私人档案馆是揭开它最初模样的关键，馆内珍藏着1594年的一本印刷最早的花园指导书，由托马斯·希尔（Thomas Hill）撰写的《花园的迷宫》（*Gardener's Labyinth*），书中收录了许多花园设计的花纹图案，包括结园。皇宫建筑前的结园，更加讲究图案设计的装饰性、几何图形的对称性，形成了各种图案类型。植物材料更多地用修剪整齐的黄杨，替代了草本的香料植物，几乎没有观花植物的应用，无论图案的简繁，都以线条编织状，讲究的是交织的编结图案，满足从宫殿建筑的楼内向下俯视观赏的结园图案之美。

法式模纹花坛（Parterres）

法式模纹花坛（Parterres）的溯源尽管有些复杂，但一定与当时欧洲的政治、经济、文化和科技发展密切相关。17世纪，结园演化成法式模纹花坛，这一时期也正是欧洲政治、经济、文化最活跃的时期，意大利的文艺复兴对文化和艺术的影响尤为突出。此次复兴是由佛罗伦萨外籍人士满腔热情地开始并随后扩展到全世界，将文学、艺术、科学和哲学以全新的方式融为一体的文艺复兴。讲究有序（秩序）、平衡（对称）、和谐（协调）的统一思想是文艺复兴的核心。最终都是极力彰显统治者的至高无上和无尽财富，以表达天下太平、民众幸福安康。当时的教皇就是最高统治者，教皇的更替需要凭借权力和财富，而建造令人惊叹的花园是一种证明能力的方式。结园或者模纹花坛自然会在意大利的花园中出现并发展。

英国伦敦汉普顿宫内保留着最初形态的结园，摄于2019年

英国威斯利花园内，黄杨修剪成的结园

作者于2019年4月在哈特菲尔德宫拍摄的结园

法尔奈斯庄园（Villa Farnese）建于1556年，正是文艺复兴时期的花园。花园设计的代表人物——雅各布·维尼奥拉（Giacomo Vignola）是位纯几何学的追捧者，他认为人类应该再创宇宙之和谐。这种和谐要简明扼要、通俗易懂、可行性强。花园设计使用方格表达结构与形状，花园主流布置方式是几何形构图，花园的特点是规规矩矩的，结园形式被广泛采用，花园尺度规模的

简单结园图案：由单一种植物组成的结园，通常是常绿植物，这样全年具有观赏性

复合结园图案：由两种植物，通常是深浅不同的绿色植物组成的结园

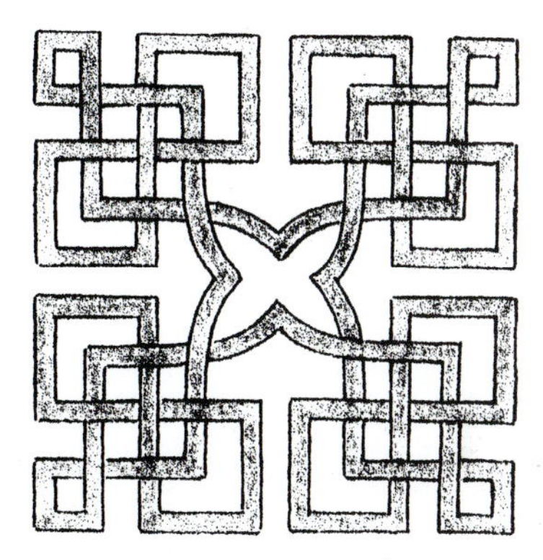

开放式结园图案：结编空隙处用覆盖物铺垫的结园

闭合式结园图案：结编空隙处种植各种草花，已向着法式模纹花坛演变

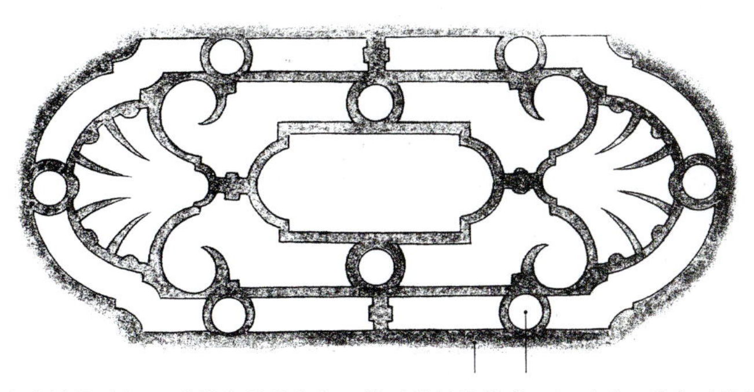

法式模纹花坛：同样是低矮植物，甚至草坪修剪成几何图形，讲究对称性的图案，图案空隙处种植观花的草本花卉，并有季节性更换

扩大和中轴线的使用是主要的变化，而强调几何的对称构图又向现代的花坛迈进了一步。结园内种植的树篱被修剪得整整齐齐，绿意盎然，平稳庄严，形成了秩序井然、对称构图、和谐的特点。花园以秩序和规模来表达统治者对人类、对宇宙、对自然的控制。从结园的应用与发展来看，并没有观花植物的应用。因此，意大利的花园被冠以只有绿色，没有花色的印象。但这一印象未免失之偏颇，许多历史史料证实花园追求奢华，自1550年开始的50年间，是辉煌的园艺黄金时代，建造花园的热潮，出现了许多非凡壮丽的花园，包括许多花卉，特别是球根花卉的应用，花园也曾是色彩斑斓的，所以意大利的结园更多地被称为“图案花坛”。由于17世纪之后意大利花园的衰退，导致只有结构稳定的结园构架保留了下来，才形成了意大利花园“绿色无彩”的印象。

花园用作显示权势地位和财富在法国有过之而无不及。位于巴黎东南35英里（约56km）处，子爵城堡花园（Vaux le Vicomte）拥有者为当时法国的财政大臣尼古拉斯·富凯（Nicolas Fouquet），因此花园又称尼古拉斯·富凯花园。花园在1661年8月17日，举办了盛大的完工庆典，6000名嘉宾中包括了22岁的国王路易十四（King Louis）。庆典的成功震惊了所有的来宾，然而，花园过分地显示权势和财富却刺激了国王，只过了几周，富凯就被捕，并在牢房度过余生。路易国王，并没有止步，他拿走人们羡慕的一切，包含了一些特别的植物，以及设计师团队，其中就包括了安德雷·勒诺特（Andre Le Notre）。国王要求其花园营建团队：“我要一个这样的花园，即使做不到更好，至少要一样好，但一定比它更大，把它建在凡尔赛宫。”于是在第二年即1662年开始动工扩建宫廷花园，到1689年2000英亩（约809hm^2）的花园建成。历时近30年，动用了巨大的人力、财力建成了花园史上最华丽的宫廷园林，法国园林也摆脱了长达一个世纪的模仿意大利园林的影响，开创了法国古典园林的新篇章。凡尔赛宫造就了伟大的花园园艺师安德雷·勒诺特，使他成为法国古典园林的标志性人物。他的花园营造天赋得以充分发挥，在方形花园中，增加了许许多多观花植物，鸢尾、百合、玫瑰形成四季有花的花园，以更加令人惊奇的大尺度来建造花园，更加野心地规划，整个自然景观的改造更胜人一筹，大胆地开挖巨大的运河，河流改道来满足水景的需要，形成了独特的法式宫廷花园。

法国古典园林的代表人物安德雷·勒诺特

凡尔赛宫花园的南花坛（Le Parterre du Midi），也被称为百花园，就是典型的法式模纹花坛。这种模纹式花坛变成了那时的法国花园的标配。与结园一样，法式模纹花坛也是一种对称的、规则的图案，即其结构保持着结园的矮生修剪的绿篱，不同的是内部不再追求复杂的线条图案，而是各种对称的有形图案，但这仅仅是结园设计变化的一部分。法式模纹花坛另一个主要的变化是在模纹图案的间隙中配置了观花类的草本花卉。用植物，通常是修剪整齐的黄杨建成精致的图案，形成了稳定的花坛骨架和外形结构；用色彩艳丽的时令草花，包括球根花卉填充其内，形成了花坛季节性的色彩变化，变得异常惊艳、华丽。法式模纹花坛的出现使得观花花卉在花园中变得越来越重要而广受追捧，世界各地的花园纷纷模仿，不仅盛行于17世纪的花园，并为盛花花坛的诞生奠定了基础，其影响一直延续至今。

凡尔赛宫花园橘园内的草坪修剪成的法式模纹花坛，这类图案式花坛到了19世纪便以毛毡花坛的形式出现

凡尔赛宫花园的南花坛，典型的法式模纹花坛，花坛内图案化的低矮绿篱间种植了色彩鲜艳的草花

维也纳美泉宫内的法式模纹花坛

日本横滨山下公园的法式模纹花坛的种植形式

欧洲小镇古堡周边的法式模纹花坛

花坛的今生

一、二年生花卉的应用孕育了花坛的辉煌

17世纪的法式模纹花坛开始了观花植物的应用，草本花卉在花园中越来越受追捧。18～19世纪空前发展的航海业也助推了英国植物引种的黄金时期，英国的植物猎手们先从北美的西部，然后到亚洲，包括中国（1842年）开始收集大量的花卉植物，花园内的植物种类迅速地丰富起来。当时一、二年生花卉的花园应用被区分出来，成为花坛的主要花卉材料，是因为：其一，花期集中，花色艳丽，易形成群体效果；其二，外来引进种类急剧上升，加上育种技术的推进，种类与品种迅速丰富起来；其三，温室栽培，育苗也助推更多的品种被应用；其四，一、二年生花卉的生育期短，适合季节性更换的花坛

应用形式。花坛就这样在欧洲，尤其是英国、德国、法国和北美洲的美国流行起来，在花园中常大面积、统一地群体种植，或形成一种绘画或花毯的图案种植。随后一、二年生花卉几乎完全替代了修剪整齐的绿篱，具有更加强烈的色彩感和观赏性，形成了所谓盛花花坛（ornamental bedding）。常常配置着意大利式的雕塑、喷泉或建筑小品，成千上万的春季开花的一年生花卉可能会在早春盛放，花后便迅速枯萎，取而代之的是成千上万的夏季开花花卉，以获得晚春初夏的颜色。这些传统源于维多利亚和爱德华的大花园时代。那时英国正处在号称“日不落帝国”的鼎盛时期。盛花花坛也被称为维多利亚盛花花坛，是因为花坛具有如此强大的视觉冲击力，最能迎合花园展示权力和炫耀财富的功能。至此，花坛的产生过程中孕育的核心基因便是“秀”，即华丽、惊艳、吸引眼球是花坛的最主要的特质。各种花园内，以观赏为目的的盛花花坛开始流行并发展至巅峰，也就成了那个时代——维多利亚花园时代的主要象征。

英国伦敦的汉普顿宫，是英国最古老的花园之一，其中的花坛被称为池塘花园（pond garden），又称沉床式花坛。这个花坛是1924年重新设计的盛花花坛，花坛的图案就是对称的几何图形，池塘般下沉的地形，易于产生俯瞰的效果。鲜艳夺目的春季草花、球根花卉以及夏季的草花使得花坛成为花园的打卡热点。

沃德斯登庄园（Waddesdon）是位

汉普顿宫内的沉床式花坛

花坛春季景观，摄于2019年4月26日

花坛内的花卉换成了夏季景观，摄于2019年7月2日

沃德斯登庄园广场花坛的盛花景象

2019年9月拍摄的沃德斯登庄园的毛毡花坛，花坛的全景就是一条精致的植物地毯铺设在广场大地上

于英格兰白金汉郡沃德斯登的一座英国乡村别墅。建筑为文艺复兴时期风格的法式城堡，属于罗斯柴尔德家族（Rothschild），修建于1874—1889年。庄园主是艳丽的维多利亚式花坛的倡导者，追随维多利亚时代上流社会的流行趋势，用从国外引进的花卉创建了一系列的观赏花坛，使之成为盛花花坛的溯源地。

城堡建筑正前方广场上的巨型花坛，是由对称式的花坛群组成典型的维多利亚时期的花坛。中央核心区域是一组雕塑配以喷水池，形成了花坛的中心，使花坛显得端庄大气。花坛的主体部分，对称式图案简洁而不乏华丽和鲜艳夺目。

广场花坛的入口处，有一幅巨大的毛毡花坛，这种花坛是法式模纹花坛经历了18世纪萧条后，19世纪中叶复兴和发展的产物。花坛的植物材料更加丰富了，但仅限于株型密集、低矮，枝叶细密，耐修剪的花卉种类，以表现地毯状图案的花坛。毛毡花坛的图案每年更换，花坛图案由艺术家Philippa Lawrence完成，灵感来自17世纪的蕾丝花边，总共用了3万株花卉，许多植物以细腻的质感吸引人们的关注。

立体花坛（3D mosaiculture）应该可以追溯到1900年，沃德斯登庄园的艾利斯·罗斯柴尔德小姐（Alice de Rothschild）开创了立体花坛的先河。“百灵鸟”的立体造型，先由铁匠搭建花坛的结构，并在内部设置好灌溉系统。光种植1万多棵苗就需要4个人种上几天才能完成。然后就是补苗和修剪工作，才能完成整个作品，虽然耗时、耗财、费工。但是，一个好的立体花坛绝对是艺术品，人们当然不愿意其消失。

盛花花坛之所以开创了现代花坛的先河，是因为其在外形和结构上沿用了几何形的外形骨架，图案感的内部构图，一、二年生花卉的色彩，极大地增强了花坛的观赏性。花坛成为花园内最具观赏性的植物景观形式，一直发展至今。

花卉育种技术推动了花坛植物产业的发展

19世纪花坛在欧洲盛行，与植物材料的丰富密切相关，以及当时的工业

艾利斯·罗斯柴尔德小姐于1900年设计的“百灵鸟”立体花坛

革命，使得经济有了高速发展。然而，花坛毕竟是高成本和高养护的产物。一旦经济情况不良，特别是两次世界大战之后，许多花园难以承担花坛高成本的维护费用，加上自然式的花园在英国流行，花坛便一度衰退。

可是，花卉育种技术推动了花坛植物产业的发展。花卉育种技术可以不断地推出新的栽培品种。一旦有新品种产生，就会很快被应用并流行起来。1880年，美国的花卉育种家西奥多西亚小姐（Theodosia Shepherd）育成了第一个矮牵牛的栽培品种‘加州巨人’（‘California Giant’），由于花朵大而被追捧。20世纪30年代，花卉育种技术的推进，涌现出许许多多的花卉种子公司，花坛植物的新品种不断推出，花坛植物产业迅速发展起来。花坛这一花卉应用形式便再次复兴，在世界各地的花园内蓬勃发展。花坛的复兴主要有两大特征：其一，花坛不仅是贵族庄园内炫耀财富的产物，许多旅游胜地也用这类花坛来吸引游客，如英国的伊斯特本市（Eastbourne）内著名的Parade花坛。花园业界越来越认识到花坛很好地保持了传统，其丰富的色彩和活力，充满生机的秀丽景色，成为花园历史的一部分，地方政府用它来吸引游客，效果显著。花坛的变化主要是积极采用更加稳定持久的种植方式，尽管如此，精细的花坛还是需要投入大量的人力和经费，才能保持良好的景观。人们担心这么美的花坛会变成遗失的艺术，我们每个人，特别是从事花园艺术的人都可以重塑历史的光华。其二，花坛植物的变革，出现更多的种类和品种（更多的选择），易养护，观赏性强（花期长），抗逆性强，花坛复兴并不是简单地重复，而是给花坛注入新的活力。

日本横滨市里山公园的花坛展，崭新的花丛花坛，既保持了花坛图案形式，又因品种更加丰富而富于变化，吸引了众多游客

02 花坛在中国的演化与发展

花坛在我国几乎与欧洲同步出现

我国古典园林中的花台，常见于南方地下水位高、夏季雨水多的情形，用砖砌成高于地面的植物种植床，外形以四边形、六边形为多。台身立面常饰有独具地方特色的山水、花鸟的彩绘。其内种植植物讲究高低错落，体现植物的姿态、线条。因此，我国的传统花台尽管历史悠久，与本书叙述的花坛外形相似，但并无关系。

中国传统花园内并没有花坛这一花卉应用形式，甚至草本花卉应用也不多见。花坛的出现主要受西方园林的影响。特别是沿海城市，受西方文化的渗入较早，花坛的各种形式在我国出现的时间与欧洲的花坛流行几乎同步。

上海的复兴公园建于宣统元年（1909年），开放时称“法国公园”。公园具有浓厚的法式花园风格，其中的沉床式花坛，是公园的核心景区。这样的花坛在当时的欧洲也正是流行之时。尽管公园经历了百年之变迁，经典的花坛至今仍华丽依旧。公园的月季园，其结构却是法式模纹花坛。

法式模纹花坛这一古老的花坛形式，也早就出现在上海，英籍犹太人马勒来上海后靠赌马成为富商，时任上海跑马厅大班。委托当时著名的华盖建筑事务所，设计建造的私人花园别墅，在当时的亚尔培路（今天的陕西南路）。花园别墅历时9年，于1936年竣工并称马勒别墅（Moller Villa）。别墅建筑的正前方设置了法式模纹花坛，一直沿用至今。

西欧的花坛不仅进入中国花园的时间早，并有了花坛的专著，即1933年商务印书馆出版的万有文库丛书中由夏诒彬写作的《花坛》，被称为我国首部花坛专著。

花坛在我国园林中得到了蓬勃发展

正如前文所述，花坛这一西方园林中的产物，传入我国的时间较早，几乎与欧洲花园内应用花坛的时间同步。1949年新中国成立之后，政府开始大力发展城市公共绿地和供人民大众游憩的大型公园绿地，花坛成了园林绿地中最主要的草本花卉的应用形式。起初的花坛技术，受西方花坛技术的影响较大，包括毛毡花坛于20世纪50年代由苏

上海植物园盆景园入口处的中国式花台“松鹤延年”

上海复兴公园的沉床式花坛

上海复兴公园月季花园的法式模纹花坛的结构

建于1936年的上海马勒别墅前的法式模纹花坛

我国首部花坛专著《花坛》，作者夏诒彬，于1933年出版

联传入我国北方城市，进而遍及全国各地。花坛的营建也是按部就班的，保留和形成了一系列的技术规范。花坛亮丽的图案，群体的即时效果为园林绿地的植物景观提升起到了显著的作用。

改革开放以后，经济腾飞，国力增强，园林绿化也进入了快速大发展时期。花坛也得到广泛的应用和发展，在相当一段时期，花坛成了园林绿地中花卉应用的代名词。随着国力日渐强盛，大型的庆典活动如每年的“五一”和“国庆”，大型的文化、体育活动，如奥运会、世博会、进博会等接连不断。花坛具有的景观设计之艺术性，即时效果之季节性，夺人眼球之视觉性，这些花坛的特质使其成为最适合用来烘托各种庆典活动气氛的花卉应用形式。花坛不仅被广泛应用，花坛的类型与我国的传统园艺技术相结合，有了前所未有的发展与创新。特别是主题花坛的形式，已经成为我国独特的花坛类型，并成为城市绿化和公园绿地的重要组成部分。

2008年的北京奥运会主题花坛

上海地区花坛技术的提升与推广

花坛这一源于欧洲的草本花卉的应用形式，比较能满足我国的经济、文化、社会等各个领域快速发展的国情。花坛在我国的发展迅速，同时，花坛的技术规范和提升相对滞后，没有得到同步的提高。相反，花坛技术的泛化、简单化，不利于花坛技术的提高和发展。为了提高上海地区的花坛应用水平，系统总结花坛的技术规范，进而使得花坛能更好地应用于园林绿地。上海园林主管部门，组织市内的公园、绿地进行了一系列的花坛技术提升和推广活动。最系统的有两个阶段：1994—1998年的优质花坛评比活动；2009年至今，各大公园和各区的街道绿地花坛评比和展示活动。作者作为主要技术指导全程参与了这些活动，现详述如下：

1994—1998年，上海地区优质花坛评比活动

花坛应用技术的推广与其他花卉应用技术一样都是源于植物材料的发展。1994年作者的一项科研课题“上海地区适生花卉栽培技术及应用推广技术研究”，目的是在上海地区适生花卉种类和品种繁育的基础上，推广花卉新品种，提高花卉在园林绿地中的应用水平。其中的主要花卉材料是一、二年生花卉；推广的有效途径是花坛技术的应用。上海地区优质花坛评比活动就是在这样的背景下展开的。组织单位是上海市园林局科技处和绿化管理处，组织全市各区绿化处，在各区的主要绿地进行花坛技术评比活动。1994—1998年，每年的劳动节和国庆节，对各区的参赛花坛，由统一组织的专家实地评审，打分并评出优胜名次。这次活动是上海园林史上较为系统、规范的花坛应用技术研究，主要具有以下几个特点：

（1）花坛概念的认识与统一：旨在突破“凡是种植草花便是花坛的模糊概

念”。活动准备阶段，作者受组织单位委托起草的花坛的概念，得到了专家们的认可，并组织各区花坛实施技术人员进行集中培训。做到了花坛的操作者和管理者，即活动的参赛者和评审者的概念认识一致。这对于技术评比活动的效果非常重要。

（2）花坛花卉栽培品种的应用：旨在突破“花坛花卉材料长期自繁自育”的传统模式，大大提高了花坛花卉的品种质量。形成了花坛花卉专业生产企业，草花的生产与应用单位开始分离，并采用商业化的种子进行草花生产，花卉的栽培品种意识极大增强。

（3）花坛技术得到了有效提高：评比活动的推广面广、持续时间长；并强调实地施工现场评审、结果讲评等

1995年，上海优质花坛评比第一年，浦东新区的优秀花坛作品“冲浪”

1995年上海中心城区徐家汇广场花坛

1998年，经过4年的花坛评比，上海人民广场花坛技术水平有了显著提升

一系列的举措，使得上海地区的花坛技术水平有了明显提高，达到了国内领先水平。

（4）颁布了上海花坛技术规程：花坛评比活动中，通过不断地技术讲评、技术交流和技术总结，由作者执笔的《花坛、花境技术规程》于1997年，由上海市工程建设标准办公室颁布，标准编号DBJ 08—66—97，自1998年3月1日起实施。这是我国花坛史上首部地方标准，为我国花坛技术的规范发展作出了贡献。

2009年至今，花坛、花境评比活动

由上海市公园管理事务中心组织，上海市公园行业协会执行的上海公园系统花坛、花境评比活动始于2009年。活动的主要形式是组织全市星级以上的公园参与，每年两次（劳动节和国庆节），由专家对各公园申报的花坛、花

1996年作者在新上海国际园艺有限公司，开始引导采用商业种子，专业化生产花坛花卉

1997年在新上海国际园艺有限公司开展花坛花卉的栽培品种筛选，图片中的瓦盆告诉了我们年代的久远

1999年在新上海国际园艺有限公司举办国内首次花坛花卉品种展示会；展示会上推出的天竺葵‘中子星’新品种到了2010年才被应用，并一直沿用至今

上 海 市 标 准

花坛、花境技术规程

MAINTENANCE CODE FOR FLOWER BEDS AND BORDERS

DBJ08－66－97

1997 上海

1997年，由上海市工程建设标准办公室颁布的《花坛、花境技术规程》

境进行实地查看，评分，评出名次，并对评比的结果进行讲评。同时，由上海绿化指导站组织的，对上海全市16个区的街头绿地也开展了类似的评比。这项活动一直延续至今，没有间断，已10年有余，积累了500多组的花坛资料，形成了良好的技术交流氛围，汇集了上海各公园、绿地的园林技术人员的智慧。本次活动是基于1994—1998年活动的经验，主要增强了花坛技术的巩固和发展，本轮活动的两大亮点：

第一，花坛技术推广更加系统深入：花坛技术的推广与公园绿地的结合，使得花坛与环境更加协调，融入植物景观，充分发挥花坛的作用。同时加强了花坛质量的全面提升，包括花卉材料、施工技术和养护管理，从而保证了花坛效果的呈现。

第二，花坛技术发展与创新突破口：植物景观的发展与创新如何防止泛化或异化，需要尊重历史，继承传统，紧跟潮流，展现个性，花坛景观也一样。花坛作为最古老的、最普遍的花卉景观形式，长期以来被广泛应用。花丛

上海杨浦区街头绿地花坛中的天竺葵新品种，花坛效果夺人眼球

上海辰山植物园“新中国成立70周年大庆”统一图标花坛，采用RTK北斗导航对2000m²以上的特大型花坛实现了精准放样

花坛是花坛发展与创新的突破口。这是因为，花丛花坛能很好地保持花坛的特征，即规则的、群体的、图案效果，同时在图案表现形式和花卉种类的选用方面有了明显的突破，尤其是大大丰富了花坛花卉的种类和品种。

日本横滨的花展上展示的花丛花坛

03 花坛的概念与分类

花坛的概念

花坛（ornamental bedding）是绿地中花卉布置最精细的形式之一。通常外形为几何图形，植物材料多用一、二年生花卉（或部分球根花卉）。所用花卉的花期、花色、株型，甚至株高整齐一致，配置协调，具有规则的、群体的、图案效果的特点。花坛内的花卉需要随季节更换，以满足周年观赏的效果。

花坛进入我国的时间较早，几乎和花坛的发源地欧洲同步，但我国传统园林中并没有花坛这一形式，包括草本花卉的应用也未被重视，有关草本花卉在花园内应用的技术，无论是理论总结，还是实践案例都非常有限。花坛进入我国后被视为园林植物景观的主要形式，广泛应用于公共绿地或城市花园。草本花卉和开花植物的亮丽色彩，给

拉脱维亚首都里拉的市政广场草坪上的大花坛，典型的中轴对称的构图，花卉色彩配置明快，株型整齐，花坛的图案简洁大气

上海外滩滨江花园郁金香球根花卉花坛

荷兰著名的球根花园——库肯霍夫的球根花卉花坛

瑞士首都日内瓦市中心标志性的“花钟”花坛，冬春的花卉采用角堇和黄色的水仙

夏季，日内瓦的“花钟”花坛内更换成四季秋海棠等，展现了花坛花卉随季节性更换的特点

人们带来了全新的视觉享受，花坛形式也被过度追捧，花坛成了所有草花应用的代名词。我国最早的花坛专著，夏诒彬的《花坛》除了叙述花坛的基本内容外，涵盖了许多其他的花卉应用形式。有关花坛的理论与实践在相当长的时期内，时而清晰，时而模糊。花坛在我国不仅应用越来越广，而且有了独特的发展，尤其是主题花坛。

一、二年生花卉被用作盛花花坛，种植采用集栽方式（mass planting），形成整齐一致、规模宏大的图案式花坛。一、二年生花卉的育种产生的园艺品种更适合花坛的应用，花卉育种技术得到了迅速发展的同时，一、二年生花卉被称为花坛花卉，即花坛植物（bedding plants）。花卉育种技术产生了源源不断的园艺品种，开启了现代花卉产业（floriculture industry），花坛植物成为花卉产业中最活跃，并不断增长的板块，其内涵也在不断地延伸与发展。

纵观花坛的古今中外，花坛的起源与演化，其内容和类型发生了很大的变化。学习与掌握花坛的基本概念

上海浦东陆家嘴交通岛圆形花坛

上海闵行文化公园的正方形花坛

上海青浦中心广场的条形花坛

对于从事花坛的理论研究和实践活动，包括其发展与创新都非常必要。任何花卉景观都是基于花卉植物的类型，旨在发挥花卉植物的观赏特性，产生各种独特的花卉景观形式。花坛便是基于一、二年生花卉，表现其规则的、群体的、图案效果的观赏特性，形成的花卉景观类型。这就是花坛概念形成的基础。因此，花坛尽管经历了百年的演变，但不会脱离其核心的基础，无论如何变化与发展的花坛，终究还是花坛植物产生的特别效果及其应用形式。

花坛的分类

花坛经历了百年的演化与发展，形成了多种类型的花坛。无论如何发展和演化，花坛必须符合其基本概念描述的特征，这对保留花坛的应用形式，以及更好地发展花坛非常必要。基于这个原则，花坛可以分为基本类型的花坛和花坛的衍生类型。

花坛的基本类型：即花坛概念所描述的，产生于19世纪的盛花花坛，这也是公园绿地中最适合、最常用的花坛。可以根据花坛外形和花坛在花园环境中的位置及其观赏面分成以下类型。

按花坛的外形分类

圆形花坛：这是一类以曲线设计的花坛，花坛的外形为圆形，包括椭圆形、半圆形，是花坛外形最基本的类型，常设于花园的入口，或树丛为背景的视觉中心位置。

角形花坛：这是一类以直线设计的花坛，花坛的外形有正方形、长方形、三角形等，常设于广场中央位置。

条形花坛：这类花坛的外形，长度为宽度的5倍以上，可以是直线设计，也可以是曲线设计。花坛的外形呈长条

上海浦东大道的异形花坛

形，常镶嵌于花园的草坪上。

混合形花坛：花坛的外形由圆形和角形组合而成，又称异形花坛，常设于大草坪的中央，增强绿地景观的色彩和视觉效果。

按花坛的布局与观赏面分类

立体中心花坛：又称金字塔形花坛，一般位于园路的交叉口，大草坪的中央。花坛通过整地或花卉种类的选择，形成中间较高、四周渐低、便于四面观赏的花坛。常见用较大株型的花卉，如龙舌兰、苏铁等置于花坛的中心，再用同期开花的草花构成四面的图案。

组合式花坛：由几个小型花坛组合成一个整体的花坛，各小花坛往往可以立体上下分层组合。这类花坛常设置于硬质地坪的广场中央，花坛外围也是由硬质砖砌成的，保持与环境的协调。花坛内的花卉需要开花一致，形成图案，体现整体效果。

移动式花坛（容器花坛）：用种植在木框等容器内的花卉，在一些平时不需要设置花坛的广场，重点单位的大门两侧等，为了特殊的需要，如大型庆典活动等而设置的花坛。这类花坛的花卉配置同一般花坛。其容器的大小，只要能保证操作性和安全性，宜大不宜小，通常有若干个容器组合而成。我国许多地区，常常用盆花摆放的方式来做这类临时性的花坛。由于生产用的盆具，不适合展示，有些还是泥盆或劣质塑料盆，既不美观，又难以体现花坛的整体美，更不利于花卉的生长和日常养护。因此，不建议使用盆栽草花直接堆放，而容器花坛是解决这类花坛需求的良方。

模纹花坛（图案式花坛）：花坛内花卉选用株高几乎一致的品种，包括花期和各种花色纯正，配置成平面图案的花坛，又称图案式花坛。模纹花坛是最为普遍的花坛类型。

毛毡花坛又称地毯花坛（carpet bedding），是模纹花坛的一个特殊类型（可以视为模纹花坛的变种），可以说是结园和法式图案花坛的强势回归，风靡于19世纪。采用植株低矮、枝叶细密、耐修剪的花卉，如红绿草、细叶景天和低矮多肉植物，以观叶为主，常常在其开花前就不断修剪，配置成地毯状花纹的花坛。非常讲究细致地养护，特别是修剪和图案的控制，是特别耗

上海中山公园的立体中心花坛

上海浦东新区街头的组合式花坛

案例1：移动式花坛的布置操作

图1 澳大利亚悉尼街头的容器花坛，就是一种移动式花坛

图2 花卉在苗圃预植在容器内，容器与机械配套，安装布置方便

1

2

上海普陀区街头绿地中的模纹花坛

加拿大尼亚加拉小镇的花钟，便是一个精致的毛毡花坛

小知识：世界两大著名的花毯

这里介绍的世界两大花毯，是比利时首都布鲁塞尔花毯和意大利南部小镇斯佩洛花毯。这两个花毯，是用鲜花或鲜花的花瓣按设计好的图案人工摆设而成。作者更愿意将其归入花艺装饰作品，区别于花卉种植、养护的花坛。

案例2：比利时布鲁塞尔花毯

比利时布鲁塞尔花毯（Brussel Flower Carpet），始于1971年，起初是为了宣传当地生产的球根秋海棠。之后，每年的8月中旬，在布鲁塞尔市中心广场布置精细的花毯，花毯面积为1848m^2（77m×24m），一般提前一年便定好图案的设计和主题。采用的花材主要是球根秋海棠的花朵，每平方米300朵鲜花，由120名园艺师经4小时制作完成。花毯设置在市中心的广场，花毯中心设有喷水池，花毯四周商务楼宇高耸林立，便于从楼内向下观赏花毯。整个花毯展示活动持续5天，白天赏花，夜晚有音乐灯光秀和焰火晚会。整个花毯已成为当地的重要旅游项目，吸引着来自世界各地的游客。

图1 比利时布鲁塞尔花毯
图2 花艺师们正在将花朵按设计拼图
图3 比利时花毯的四周高楼林立，便于从楼上向下观赏花毯

1

2

案例3：意大利斯佩洛的花毯

意大利小镇斯佩洛（Spello）的花毯活动历史则更加久远，源于天主教的宗教活动。居民在活动前一天将街道整理干净，在门前撒上花瓣，以示对神的尊重。小镇的花毯活动始于1831年，每年6月的鲜花节（I'infiorate），镇上的男女老少齐出动。他们以鲜花撕碎的花瓣为颜料，绘制成五彩缤纷的花毯，200条花毯的图案都是精心设计的，布置在小镇的各条街道。

图1 意大利斯佩洛的花毯，是当地人家的男女老少用撕碎的花瓣拼接而成的装饰图案

图2 斯佩洛的主要街道布满了花毯，色彩鲜艳，图案精美

上海复兴公园的沉床式花坛

时、费工的花坛。不过每个成功的毛毡花坛都是一幅精致的花卉景观艺术品。

对称式花坛群：由若干个花坛组合成对称布局的花坛群。单体的花坛尺度规模是有限制的，通常在较大场地的绿地中，如大草坪、大型广场，难以设置成一个整体的大花坛，采用几个对称布局的花坛，组成花坛群是比较巧妙的方法。各花坛采用的花卉品种要求对称、整齐一致，中央花坛可以设置雕塑或喷泉，形成视觉焦点。花坛间可以铺石筑路，以便游人步入其中，增强观赏的体验感。这样既美观大气，又便于施工、养护，如上海复兴公园的花坛。

沉床式花坛（sank garden）：是对称式花坛最常见的形式，启发自干枯的池塘改建成的花园（pond garden）。这种利用中央地形下陷，便于游人有俯视总揽全局的良好观感。利用这样的地形营造的盛花花坛，能产生极其震撼的观赏性。同花坛的前世——追求宫廷建筑或城堡向下俯视效果的结园和法式模纹花坛形成了奇妙的时代穿越感。

花坛的变型

由基本类型的花坛发展和演化出来的花坛类型，主要包括花丛花坛、立体花坛和主题花坛。这类花坛已经由平面图案发展成立面图案或立体造型，花坛之规则的、群体的、图案效果的三大特征，演变成景观设计之艺术性；即时效果之季节性；夺人眼球之视觉性，或展现花坛的艺术造型性，植物景观性，主题呈现性。

花丛花坛（french mixed bedding）：最初被称为法式混栽花坛，花坛植物配置成有规律的高低错落，或是中间高、四周渐低；或是前低后高。突破了传统花坛的模纹图案，呈现出更加活泼的图案感。这类花坛是盛花花坛的发展与变化，称之为花坛的变型。这是因为，花丛花坛保持

圆形花丛花坛

亚圆形花丛花坛

长条形的花丛花坛

了几何图案的外形，植物材料依然采用一、二年生花卉，花坛内花卉的花期整齐划一，展现花坛的盛花效果。花丛花坛的应用，可以大大丰富花坛花卉种类与品种；花坛图案的景观效果更加灵活多变；花坛应用的场景更加广泛。

立体花坛（mosaiculture）：花坛发展之初的19世纪就有之，称之为3D花坛。常常以动物造型为选题，发展成各种自然物体，包括人物、建筑、标志物等立体植物景观的展现形式，其实是毛毡花坛的立体呈现。其精湛的园艺技术让花坛成了艺术品；其生动的造型常能形成引人注目的景观效果而备受欢迎。尽管耗时费工，还是发展成了独特的花坛类型。立体花坛这一独特花坛形式到了20世纪有了蓬勃的发展，著名的加拿大国际立体花坛大赛是水平最高、影响力最大的活动，推动着立体花坛在世界各地被广泛应用。我国也是该项活动的积极参与者，不仅屡获嘉奖，并于2006年在中国上海主办此项赛事活动。这项活动对我国立体花坛的发展起着里程碑式的作用。

主题花坛：又称主题景点，指绿地等环境中，以花卉植物材料为主体，运用花坛等花卉应用手法，按一定的立意组合成既符合艺术构图的基本原理，又能满足花卉植物生长的花卉景观。常常追求特定的即时效果为主，可视为花坛的一种变型，总体上就是立体花坛和各种平面花坛的合成。具有突出的主题呈现性、造型艺术性和植物景观性。

高水平的加拿大立体花坛，“孔雀”造型的作品

上海街头2010年世界博览会立体花坛

北京天安门广场的一组表现航天事业的主题花坛

花坛的衍生类型：容器花园（container garden）

容器花园是利用盆钵容器化栽植各式各样的花卉，运用美学的原理，经过组合形成一个盆栽花园。容器花园之所以被认为是花坛的衍生类型是基于花坛植物产业的发展。容器花园采用的就是花坛植物，即可以作一、二年生草花栽培的各种花卉品种。虽然没有了花坛的外形、图案等特征，但是容器花园同样表现出强烈的即时效果；花卉材料也需要随季节更换。因此，容器花园被视为花坛的衍生类型。这种形式至少有三大优点：首先，它比起传统的盆栽更有利于花卉生长。其次，经过配置组合，花卉的观赏性更强。再次，能因地制宜地摆放，装点各种环境，灵活方便。

容器花园当然不仅限于在城市中心的公共场所应用，更加适合家庭花园使用，是花坛植物进入千家万户的重要途径，花坛植物产业成了花卉产业发展中的重要板块，经久不衰。我国的容器花园相对传统的花坛发展比较滞后，

悬挂类型的花篮

灯杆类型的花篮

特别是家庭园艺板块，随着我国的城市化进程的推进，人们对居住环境美化需求的不断提高，容器花园有着非常广阔的前景。容器花园的主要类型如下：

悬挂花篮（hanging baskets）：又称花球，是利用各种悬挂容器，种植花卉后悬挂装饰，一般宜安置在高于视线的位置。城市公共场所、私家庭院中应用花球可以大大丰富空间植物景观的色彩，因此被广泛采用，用得最多的是灯杆挂花。花球宜采用蔓性下垂的花卉种类，可以是单一

抱杆类型的花篮

挂壁类型的花篮

奥地利巴特奥赛镇上居住房屋的窗台花槽

奥地利卡尔斯塔特小镇的窗台花槽

花卉品种的花球；更有几种花卉组合的花球；可以是四面观赏的花球；也有单面观赏的挂壁式花篮。常见有灯杆式花篮、抱杆式花篮、悬挂式花篮和挂壁式花篮。

窗台花槽（window box）：通常为长方形的花槽内种植花卉，主要用于居住房屋的窗台和阳台。城市公共场所，花槽主要应用在道路的隔离栏杆上，分单挂式或骑挂式，作为人行道的隔离装饰，也有用作机动车道的隔离。花槽内所用的花卉材料以生长茂盛、花朵丰满、花色艳丽的品种为主，再配一些枝条蔓性的花卉来修饰容器的边缘，使花卉与花槽、花槽与环境融为一体。

花箱（planting box）：采用正方形、多边形或长方形的容器内栽植花卉。花箱的体形较大，外形比较规则，适合较大空间的花园场所应用；大容器也更有利于多种花卉在同一花箱内的配

上海道路分车隔离道上的花槽

上海浦东新区街头的花箱

比利时一家公司开发的特大容器花卉应用形式——花塔

植，形成美感，较大的容器也有利于花卉生长。因此花箱是城市的公共场所应用最广的一种容器花卉布置形式。

其他大型容器花园（other container garden）：由于城市公共场所的空间大，需要一些体量大的容器花卉装饰，专业人员为此设计出各种适合花卉生长，又有较好观赏效果的容器花园。如花塔、花墙等。这类大型容器花卉的技术要点是如何保证花卉的健康生长，又有较好的观赏性，同时能有效地进行花卉的养护和保持环境的卫生和安全。市政广场和商业空地上布置的大型容器花园与移动式花坛有着明显的交集，两者的内在联系也不言而喻了。

上海外滩广场上的花墙，其结构也是特制的容器花园，花卉材料随季节变化，呈现出群体的、图案效果的花坛特征

04 花坛在花园产业中的作用

花坛在花园中的作用

一、二年生花卉在花园应用的主要形式

花坛自19世纪产生就是为一、二年生花卉量身订制的花园应用形式。花坛就是按一、二年生花卉的习性及生长周期，展现其浓烈的色彩以及变化丰富的园艺品种。花坛也开创了花园植物色彩景观的新阶段，使草本花卉在植物景观中的作用进一步地细化。花坛给花园注入了特有的色彩感染力和景观震撼力。

花园内植物景观色彩的主体，形成华丽的花卉景观

花坛在花园中出现之初就有着极强的炫耀作用，因此花坛成了花园当仁不让的主景，往往是花园的核心景观。花坛在花园中的观赏作用是首要的。花园设计时，需要表现景观的大气磅礴，色彩的华丽，花坛是很好的选择。

花园内植物景观即时效果的展现

花坛是花园内展现浓烈效果最快的应用形式，由于花坛植物的可更换性。花坛景观的即时性尤为突出，可以根据花园的需要，不受季节的限制，随时营造出华丽盛放的植物景观。花坛结合其他花坛的衍生应用类型，如悬挂花篮、

扬州马可波罗花世界的大型花坛群

各种容器花园，能在指定的时间段，迅速形成一个繁花似锦的植物景观花园。

花园精致景观的载体，大幅提升了花园的艺术性

花坛因其人工痕迹过于强烈而饱受质疑，不过花坛营造过程中有着许许多多精致的园艺手法，形成了独特的花园景观类型，应当有其存在的价值。以花坛为代表的精致园艺的植物景观，使花园更具有艺术感染力，是人类花园文明的重要组成部分。

英国沃德斯登庄园内的盛花花坛

推动了花园产业的形成与发展，促进人们花园生活的热情

花坛源于人们最朴素的生活需求，转而升级为西方宫廷花园的炫富方式，发展到后来，作为城市公共花园绿地繁荣盛世的体现。花坛植物开创了现代花卉产业，产生了许多适合普通私家花园的衍生产品，如悬挂花篮、窗台花槽等。花坛植物广泛地进入了寻常百姓家，大大促进了人们的花园生活热情。

花坛植物与现代花卉产业的形成与发展

用于花坛的草花，早在花坛植物这一名词出现前就存在了，欧洲可以追溯到殖民时期。据荷兰花园史记载，1655年就有了花坛类植物的交易。据保尔（*Ball Red Book* 1976版）描述的美国花坛植物的交易始于1789年。真正的花坛植物是有了盛花花坛的流行后才有了这一名词。1923年，花坛植物成为花卉产业的重要板块，是20世纪发展最快的花卉产品。

花坛植物产业的发展是伴随着花卉种子产业平行发展的。花卉育种技术，产生了新品种，新的栽培品种成功地推广到花坛内使用，栽培品种良好的效果，促进了花坛设计者使用栽培品种的热情。最重要的种类是矮牵牛，被视为现代花坛植物产业开始的标志。最早的矮牵牛栽培品种‘加州巨人’（‘California Giant’）产生于1880年。之后，20世纪20～30年代，尽管许多的育种家和种子公司进行了新品种的开发工作，但由于种子生产成本过高，难以形成花坛植物的种子市场。

花坛植物产业真正开始于20世纪50年代，种子生产技术有了实质性的突破，包括异地生产和温室利用，种子容易运输并实现周年生产等，最终取得了合理的生产成本，并提供高质量的种子。这是花坛植物产业和种子生产产业合作发展的结果。同时，育种技术的突破，栽培品种的不断涌现，人们对其依赖越来越大。矮牵牛的第一个常规品种‘Fire Chief’，于1950年颁布，第一个大花F_1杂交品种‘Ballerina’和第一个多花F_1杂交品种‘Comanche’于1952年和1953年相继产生。由此开启了现代花坛植物产业，并成为花卉产业最重要的部分。随后，60年代万寿菊品种，70年代的非洲凤仙和四季秋海棠等栽培品种不断涌现。花卉育种技术，使得栽培品种成了花坛植物的主要产品。为分辨栽培品种开始有了命名法规。如红色的矮牵牛品种称‘Red Joy’；白色的品种则称‘Snow Cloud’。各种矮牵牛的栽培品种，其实是各种矮牵牛的杂交种，已经无法用一个植物学种名来表示了。常被写成 *Petunia×hybrida*，即由矮牵牛属的2个种的杂交（*P. axillaris* 和 *P. violaceae*）。因此，花坛植物工作者已经不再过于关注具体的种类名称，属名似乎更加重要，栽培品

种名才是工作的重点。由此，《国际栽培植物命名法规》于1959年颁布执行，顺应了现代花卉产业的迅速发展。

花坛植物产业由于种子技术突破和栽培品种的巨大市场，许多蔬菜生产苗圃转向了这一新兴的产业。花坛植物产业的迅速发展也得益于现代科技的助力。1948年的塑料育苗盘替代了笨拙的木框；1969年开始的穴盘苗（plug）的使用，开启了现代花卉种苗的工厂化生产；栽培基质摆脱了对大田土壤的依赖，人工配制的生长基质使草花的生产更加高效；尤其，近年来的新技术、新机械、新产品不断更新草花的生产，包括自动播种机，小苗分拣机，花苗的移植、上盆机，还有苗床结构不断改进、优化，技术对生长环境的监测和控制等。所有这些新技术，大大提高了花坛植物生产的效率。

花坛植物成了花卉产业中一个不断上升并迅速增长的板块。美国的花卉产业市场销售额记录并见证了这一奇迹。1949—1959年，最初的10年间花坛植物的年销售额增长了94%，从1690万美金上升到3280万美金；接下来的10年，即到了1970年，又增长了88%，为6100万美金；之后很快，仅过了6年便突破1亿美金，即1977年达1.13亿美金。最新的美国农业部（United States Department of Agriculture, USDA）花卉产业市场统计数据中，花坛植物，2020年已达15.84亿美金，比2019年增长了13%，在所有花卉板块中贡献最大。正当笔者完成此稿时，更新的2021年的数据出炉，花坛植物板块为23.79亿美金，较上一年增长50.19%。自2019年“新冠”疫情肆虐全球，绝大部分的产业受到了重创，许多产业一蹶不振。唯有花卉产业，尤其是花坛植物板块，不减反增。这是因为“新冠”疫情彻底改变了人们的生活方式，对居住、生活环境的需求与日俱增，给了花卉产业，尤其是花坛植物板块新的机遇。

德国艾森IPM花展上展示的月季草本化的产品，这类小型化的月季产品，是花坛植物的新成员

花坛植物产业有近50年的持续增长，其最主要的原因是花坛植物的用途在不断拓展和延伸，导致了市场需求数量急剧增大。花坛植物的概念早已不仅限于那些供给露天花园中花坛应用的一、二年生花卉了。经过多年的拓展，花坛植物几乎包含了所有用于庭院花卉种植的草本花卉、观花植物、香草类、地被植物、宿根花卉，甚至有些小型的果树都能在花坛植物名录中找到。今天，家庭庭院内的花卉应用产品，除了花园内的花坛，种植的花箱、阳台花槽、悬挂花篮，既可以用在户外，也可应用于室内。花坛植物的供应商正积极地为所有可能的场所提供花卉产品。美国北卡罗来纳州立大学Roy A. Larson教授，于1992年出版的《花卉园艺》第二版中，对花坛植物的最新定义：花坛植物除了传统观花的一、二年生花卉和宿根花卉外，可能包含“所有的植物”，通常指那些在完全控制条件下育苗，消费者购买并继续生长的草本花卉。所谓的“所有的植物”即那些草本化的花卉，包括观赏番茄、草莓，甚至草本化的月季等，只要适合应用于庭院的花卉产品。

花坛花卉产业在我国相对比较滞后，直到20世纪90年代中、后期才有了使用商品种子进行花坛花卉的生产，而且花卉种子基本依赖进口。全国的花坛应用水平参差不齐，应用的花卉品种非常有限，花坛植物的消费市场尚待开发。其实，我国有着巨大的花坛植物的市场潜力，学习和深刻理解花坛植物产业的发展，对于开发我国的花坛植物市场有着十分重要的意义。

第二章

花坛的设计与技巧

01 花坛设计前的信息采集与辨析

花坛设计前的信息采集

花卉布置现场勘察

好的花坛设计，对设计师的要求往往7分在现场，图纸仅占3分。接受设计项目后，设计人员必须会同甲方和施工负责人员对花坛布置的现场进行实地勘察，收集相关信息，并形成现场勘察记录（报告）。勘察的主要内容包括：

现场的周围环境特点，尤其是绿化情况，包括树木、灌丛和草坪等；现场的地形和土质情况；现场的水电供给以及排水情况。

花卉材料信息收集

设计人员应根据设计的要求，了解可能的花卉材料及来源（采购渠道）的信息，包括对主要种类、品种（花色）、生产水平、提供能力、提供时间等做必要的了解。

花坛设计的前期沟通

设计人员与甲方和施工队伍的前期沟通。了解甲方的要求和意图；了解施工队伍的施工经验，施工质量；了解项目的时间进度计划和各方人员的配合与协作基础。

设计前的首次拜访是花坛设计特点形成的关键步骤，做好访前的准备是必要的，详见右表。事先准备一份拜访信息表可以确保在访问过程中不会遗漏所有的信息要点，以便在离开现场前做最后的检查，确保已获得所有信息。

花坛项目客户拜访信息表

项目名称						
甲方单位名称						
拜访地址						
拜访对象						
负责人	姓名		职务			
联系方法						
参加人员						
项目基本情况						
花坛的规模大小						
花坛的位置描述						
拜访准备	1. 拜访前的预约十分必要，确保客户有时间、有兴趣接受拜访； 2. 准备好拜访目的，需要达到的目标； 3. 专业性准备，如相应的成功案例和必要的视觉辅助资料，你的专业度是建立客户信任的基础； 4. 准备一些项目可能用到的新产品、新品种、新方案，吸引客户的兴趣； 5. 准备好问题，拜访过程中不离主题，注意倾听，寻求结果					
甲方的意向和偏好：						
花坛的类型（包括植物的偏好特别喜欢，不喜欢的）						
花坛的重要观赏期						
花坛的色彩偏好						
花坛淡季的期望，包括冬季：						
花坛的预算估计	万元					
花园（绿地）类型	公园景区		道路绿化		居住小区	
原绿地对项目的利弊因素：						
光照	阳性		半阴		全阴	
场地	合适			需改造		
植物（包括草坪）	合适			需调整		
养护水平	高		中		低	
特殊要求						
场地土壤与地形：						
土壤	合适	黏重	松散	杂草	杂物	
	pH		EC		无报告	
地形	合适		需处理			
场地测量	长度		宽度			
绿地植物调整：						
背景植物调整意见						
草坪道路调整意见						
拜访小结：						
拜访人：			拜访日期：			

花坛项目简介的编制

首次客户拜访完成后，设计师需要回顾收集的所有信息、测量的数据、草图和照片，分析项目的场地情况和存在的问题，根据客户的需求提供项目的建议和方案，编制项目简介，或称花坛方案。这个文件非常重要，直接关系到能否成功获得承接该项目的委托。编制过程中需要最大程度地体现出设计师对甲方需要的理解，并同甲方反复沟通，包括经费预算，逐步达成一致，以甲方签字确认为准。

花坛项目简介的编制，是一项专业性很强的技能，以下三种情况都会被要求提供此类文件。①甲方已委托设计师对他们的花园或花坛项目提供建议和建造方案，这时，报告就可以直接提出具体方案，包括草图和详细的信息。②甲方同时向几个设计师提出花园或花坛项目的方案征集，这时，报告变成了能否获得项目委托的关键材料。③简介文件作为设计文件的附件，用作设计文件中某些细节的解释和补充说明。虽然花坛项目简介没有统一的模板，但以下的基本格式可以提供初学者参考。

封面页：一个专业的简介封面可以给甲方在打开文件前就留下好的印象，包括以下内容：报告的大标题；报告的服务对象，即甲方的名称和地址；报告的编制者，即设计师的名称、地址和联系方式；报告编制日期。

目录页：列出报告内容的所有标题与相应的页码。

介绍页：通常是报告的第一段，应该说明报告的一般背景和项目的范围，可以介绍项目的位置和委托报告的原因等细节。

报告正文：这是报告的核心内容，报告的结构由设计师根据项目的特点和建议的内容来安排，让逻辑来决定文件的顺序，所以首先回顾现场情况的分析与问题，然后提出方案的建议。花坛设计方案的核心是花坛图案设计，建议提供两个以上的图案供甲方选择确认，避免方案被否定。

写好项目简介的几个重要建议：

如何突显报告是为谁写的，时刻抓住甲方的需求是报告的关键。因此在写报告前，先与甲方确认他们的需求并一一列出，非常重要。

报告需要有趣、刺激和视觉上令人兴奋。枯燥乏味的报告会让人感觉你的工作也可能是无精打采的。

鲜明的观点，用粗体的数字标题和副标题，并插入适当的图片，避免长页的文本。

数据提供以第三人称表述，更显权威性、可信度，如“场地经检测……”不建议用第一人称写成“我们检测了场地。”

正文的排版布局要大气、宽敞，如文本的行之间使用双间距；文本的体例保持一致，插图的标注规范等都会显示出专业性而给报告加分。

总结与结尾：报告的结尾，简短地总结所要表达的观点非常必要，但不要加入新的内容，主要是有助于牢牢地抓住甲方对报告的兴趣并做出正面的决定，而不是分散甲方的注意力。

编制好的花坛项目简介一定要装订整齐，递交给甲方。

花坛设计文件的编制

花坛设计文件的编制是花坛设计的主体，在完成花坛项目前期的信息采集并达成项目意向后便能进入花坛设计文件的编制。设计文件的编制原则是依据甲方确认的方案。对如何保证设计方案能实施的具体工作作出规定，包括材料供应、采购、施工人员间的必要沟通和具体职责分工等。设计文件是施工依据的具体体现，包括设计说明、设计图纸、花卉苗木清单和经费预算。

设计文件的编制过程中，对关键信息可以进一步与甲方沟通，逐步达成一致，以甲方签字确认为准。

花坛设计文件的交底

花坛设计文件完成后，设计人员须会同甲方和施工队伍进行交底，如需要的话，现场交底是必要的。交底的目的是让甲方再次确认其花卉布置意图已满足；施工队伍对设计的内容包括设计意图、技术关键等已理解。交底的结果应是施工队伍确认可以按设计要求进行施工并能编制施工进程计划表。

02 花坛的扩初设计技巧

花坛设计的基本原则

计划性原则

花坛布置必须有方案设计。方案设计（含所有的设计文件）必须根据所用的花卉材料，提前一个生产期完成。方案设计以甲方签字确认视为完成，方案设计的执行过程中需要更改也需要甲方的签字确认。

“国庆”开花见效的百日草，需要7月下旬播种，此为百日草的小苗

协调性原则

花坛的设计必须与绿地环境协调，充分考虑与周边环境结合，选择适宜的花坛类型。在空间大小、布置形式、花坛主体和内容上协调一致，使花坛景观融入绿地环境之中，花坛应成为绿地植物景观的组成部分，兼顾花坛的主题立意和景观效果。

9月5日百日草花蕾含苞待放，略露色的初花，为最佳移植时间

花坛布置的立意

花坛布置的立意在形式上是为了营造某个主题，但其目的是激发和深化人们对花卉景观欣赏的热情，更好地体验花卉园艺美。立意要体现以人为本、景观为重的原则，不宜刻意地制造过于直白的立意而失去花卉园艺的艺术感染力。尽力做到含蓄中求立意，体验中明主题。

9月中下旬花苗已进入盛花期，移植时间已经偏晚

该花坛的设计显得拘谨呆板，花坛太集中，紧靠着树丛，形成一个大体量的花坛，不利于日后的养护

同样的大草坪上，考虑空间的整体性，花坛疏密有致、设计主次分明，既有利于日常养护，景观总体又不失大气

上海世博会的会标，清晰地展示了花坛的主题

北京奥运会的主题花坛。会标是花坛表达主题的常用方法

花坛布置的立形

花坛适宜在绿地环境比较开敞的空间，往往处在重要景观节点、视觉焦点和对景处应用，起点睛之效。

花坛的立形就是根据环境和表现主题等因素，确定花坛的类型，如模纹花坛、组合式花坛、对称式花坛群、整形式花坛、移动花坛。

花坛的立形要体现花坛的特点，包括用的花卉材料以一、二年生花卉为主；整体以规则式构图，花期、花色、株高整齐一致；表现花卉群体效果、图案纹样的色彩美。

花卉植物造景原则

花坛布置的设计应体现花卉植物造景为主，严格控制非植物材料的使用。非植物材料的应用必须把握3个原则：非植物材料不能成为主景；不使用粗糙的材料；非植物材料应具有点睛的作用（缺其不成景）。

花卉植物的搭配必须充分符合花卉的习性和观赏特性。选用的花卉种类必须因地制宜、适地适花，充分展示植物材料的特征，以达到良好的观赏效果。

花卉布置必须充分考虑花卉植物的种植、花卉植物的生长和花卉植物的养护需要，确保花卉植物的良好生长，有效体现花卉植物的景观美。

花坛扩初设计的技巧

花坛的场地选择

花坛的场地环境条件应满足花坛植物生长的需要

阳光充足是花坛场地选择的必要条件，花坛一旦设置就难以改变。大多数的花坛植物，特别是花色艳丽的花卉品

案例4：花坛的主题表达

图1 花坛内一对天鹅与侧后方的彩虹桥在体量上均等，两个主体难以形成主次，互相冲突

图2 将彩虹桥省去，取而代之的装饰几盏喜庆的红灯笼陪衬，花坛的景观主次分明

图3 花坛的主题表达：花坛主题过于直白，甚至挡在了花坛的正前方，不仅显得突兀，也影响花坛花卉的生长和效果展现

图4 即便是标题式的直白主题，放置位置靠后，才能互相陪衬，相得益彰

非植物材料占据了花坛的主景，平面的花卉质量欠佳，花坛的整体质量下降

以植物造景为主，毛毡花坛与立体花坛组合成景，讲究花卉植物的配置和修剪等养护质量，充分体现了花坛高超的园艺水平

花坛内过多的非植物材料装饰，忽视了花卉的质量，冲淡了花坛的园艺性

同样的花坛，去除了非植物材料，提高了花卉的质量，花坛效果明显提高

种都是阳性或强阳性。这些品种，如一串红、百日草、矮牵牛等对光照要求非常高，只有在阳光充足的场地，才能正常生长、开花。因此，树荫下等光照不足的场地不宜设置花坛。

良好的土壤、平整饱满的地形是花坛场地的基础。土壤疏松、肥沃、排水良好，园艺无毒是植物生长良好的基础。我国的花园绿地，普遍对植物种植土壤不够重视，大多数土壤条件不尽理想，不利于花坛植物的生长、发育。花坛设计时，应对花坛土壤的现状作必要的分析，提出土壤改良与地形处理的意见，包括土壤结构的改善、杂草杂物和有害物质的清除、水肥提供的方案、保证土壤平整饱满的措施。

花坛植物生长对气候因子的要求一般是通过花卉植物的品种选择来满足，这一点在后续的植物品种选择时再作详述。不过，在花坛设计时，花坛宜设置在避风向阳处，东南朝向为佳，忌无遮挡的西北朝向的空旷风口。

花坛的场地与绿地环境的景观协调性

花坛的整体感设计：花坛应成为花园绿地植物景观的一部分，与周边的植物景观，如树丛、草坪、雕塑甚至建

树丛前方的大草坪，场地开阔，阳光充足，是设置花坛理想的场所

树丛背景，草坪衬托下的花坛效果

筑应做到整体协调。理想的花坛场地或位置应该与绿地植物景观整体设计，才能做到协调得体，花坛融入花园内，形成天然合一的效果。花坛的整体设计，包括花坛的位置布局、花坛的尺度比例、花坛的图案形状与周边的绿化环境的协调性。我国的许多花坛是先有绿地植物景观，再添加花坛的做法，导致花坛的形式单一，忽略了花坛与周边的协调，缺乏花坛的设计感。

花坛的主景设计：花坛的主景设计包含两个层面：首先，花坛是绿地植物景观中最为出彩的形式，往往是花园绿地的主景。花坛设计时应充分考虑其观赏的视觉效果。主要包括花坛的观赏

上海崇明区某公园内的花坛，紧贴着树丛边缘，机械地几条色带形成的花坛，忽略了与宽阔的大草坪的比例关系和位置的主次关系，景观的整体感弱

拉脱维亚首都里加市政广场上的花坛，花坛的位置、与草坪的比例以及和背后树丛的关系协调一致，整体感非常强

面、观赏的视角、观赏的距离和位置等，使花坛的景观效果得以充分发挥。花坛宜设置在花园的主要入口、花园主轴线上的中心、开阔广场的正中、建筑的正前方等。大型的图案花坛应考虑观赏的制高点，以便为游人提供俯瞰花坛整体的效果。

其次，花坛的外形、图案宜有主次之分，形成主体与陪体关系，常以花坛外形体量的大小；植物组成图案

上海闵行浦江郊野公园的“奇迹花坛”，设置的城堡和高空环形步道

游人可以登高体验极佳的花坛俯视效果

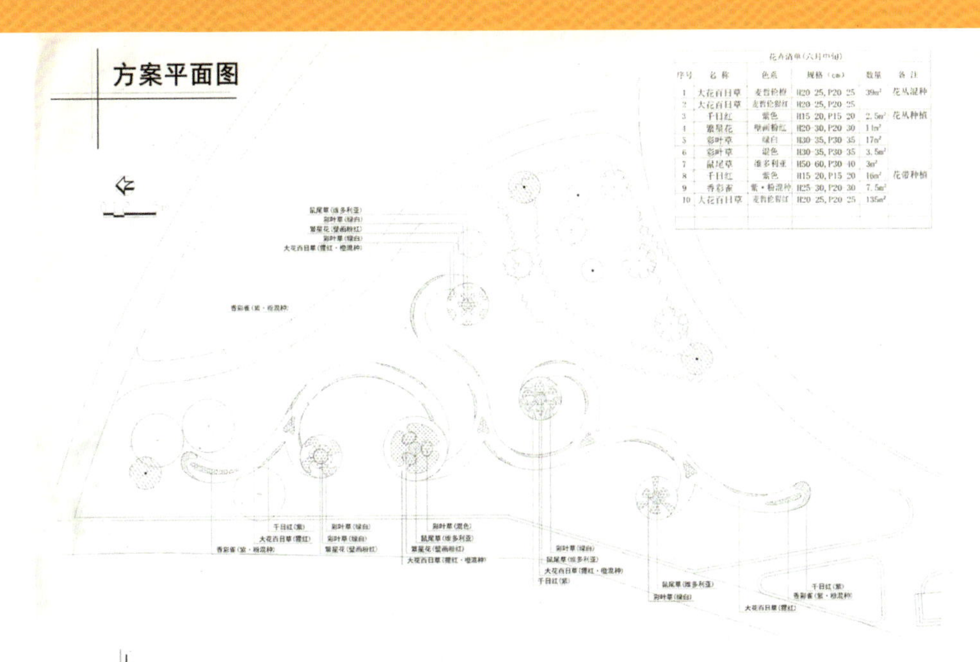

序号	名称	色系	规格(cm)	数量	备注
1	大花百日草	麦哲伦橙	H20-25, P20-25	39m²	花丛混种
2	大花百日草	麦哲伦鲜红	H20-25, P20-25		
3	千日红	紫色	H15-20, P15-20	2.5m²	花丛种植
4	繁星花	壁画粉红	H20-30, P20-30	11m²	
5	彩叶草	绿白	H30-35, P30-35	17m²	
6	彩叶草	混色	H30-35, P30-35	3.5m²	
7	鼠尾草	维多利亚	H50-60, P30-40	3m²	
8	千日红	紫色	H15-20, P15-20	16m²	花带种植
9	香彩雀	紫·粉混种	H25-30, P20-30	7.5m²	
10	大花百日草	麦哲伦鲜红	H20-25, P20-25	135m²	

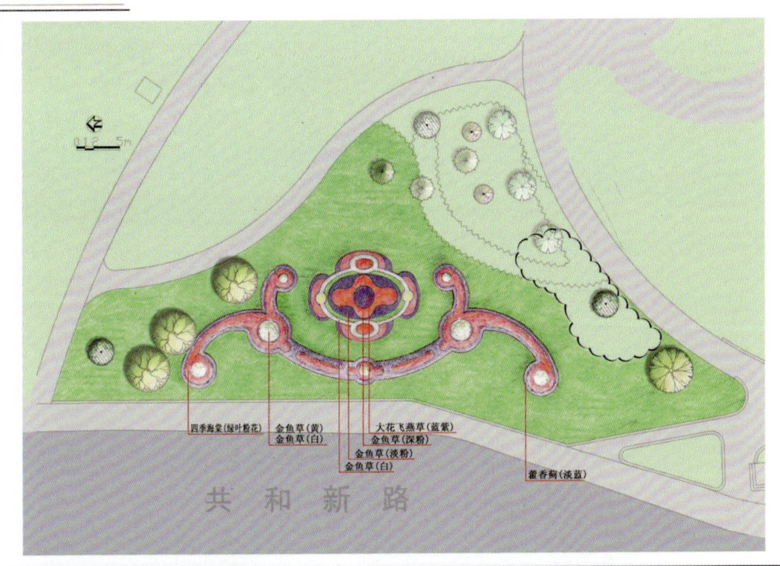

静安中环公园花坛设计方案

案例5：花坛主次设计

图1 上海中环绿地花坛的设计初稿，在大草坪中设计的图形，线条流畅，几何形的图形符合花坛的特征，但图形过于平均，没有形成主次，导致花坛的整体感弱

图2 花坛设计经修改调整后，花坛的图案中间的椭圆与周边的条带构成明显的主次关系，外围的小圆与中心的椭圆呼应，花坛的整体感强

图3 设计方案调整后的花坛实景效果，图案简洁，主次分明，花坛与环境协调，花坛效果极佳

上海复兴公园的沉床式花坛中央设置了意大利式的石雕花盆，结合喷泉形成了花坛的中心，是花坛的灵魂之笔

的比例；或设置较高大的植物或雕塑等形成花坛的构图中心，是主体中的主体，花坛的灵魂之笔，即花坛的主景。如大型花坛的中央设置雕塑和喷水池便是花坛主景，这类经典布局从意大利文艺复兴时期的花坛初期就开始了，一直沿用至今。

花坛的空间组织与骨架设计：花坛空间组织在设计花坛图形、图案时就要充分考虑，将图形分为主体纹样、角隅纹样和边饰纹样。花坛设计除了主体图案，边饰和角隅的处理往往被视为陪衬设计，即花坛的主次设计，建立主体与陪体关系是将花坛作品完整呈现的关键。

花坛如何融入绿地植物景观，陪衬是关键。如花坛边缘的草坪，即便空间再小，也要尽可能地留出草坪陪衬。花坛周边的树丛作为花坛的背景，其实对于花坛来讲，除了单面观赏的花坛，并非必要。大多数花坛是多面观赏的，与其说花坛的背景，还不如说是花坛需要一个边界的陪衬，形成相对独立的花坛空间。这种空间可以是树丛或绿篱围合的闭合空间，也可以是草坪或低矮绿篱形成的开放空间。除了最简单的草坪外，整形树的点缀，或圆锥形，或梯台形或圆形，常设在花坛的四角，周边呈对称式排布，既有边界的陪衬作用，同时也丰富了花坛立面层

半圆形的花坛，地形饱满，图案清晰，缺省了草坪，作品不够完整

同样外形的花坛，图案简洁、明快，窄窄的一条草坪的陪衬，使得花坛融入了花园

上海松江道路入口处的花坛，图案太满、杂乱，又不利于养护

花坛图案调整后，草坪陪衬下的花坛图案感增强了，又有利于日后的花坛养护

上海中环绿地中的花坛，花卉配置优良，主题清晰，但缺乏空间组织和花坛的骨架，花坛效果平淡

同样的花坛设计图案，在几个关键节点，采用整形植物，如球类的点缀，形成了花坛的骨架，花坛的效果显得丰满而稳重

次感。花坛的边角处理往往是花坛独立空间组织的重要手段，花坛设计时，常用整形绿篱、整形灌木或直接用草花形成花坛边角图案，达到花坛的边界效果，形成花坛骨架与空间感。

案例6：花坛的边角装饰

图1 由花卉植物组成，往往四角对称，花卉品种与主花坛相同，常用于面积较小的花坛群

图2 矮牵牛、孔雀草组成的角饰纹样

图3 花坛的四角，一棵小小整形的绿植，也是常用的花坛角饰

图4 低矮的绿篱修剪成“回”字纹样

图5 修剪整齐的低矮绿篱装饰，置于花坛的四角或沿花坛的边缘，适合体量较大的花坛

1

2 3

4 5

1

2 3

案例7：花坛中央的点缀物

图1 花坛中央的点缀物，可以形成花坛的中心，加强花坛的整体感

图2 花坛中央设置一个石雕花盆；意大利石雕花盆结合喷泉是典型的花坛中央的点缀物

图3 上海复兴公园花坛中央的意大利石雕花盆结合喷泉

1

2

案例8：花坛的骨架设计

图1 上海杨浦区的街头花坛，花坛的平面设计简洁而大气，如此大的花坛，只考虑平面的构图，花坛立面显单调

图2 上海源怡展示花园内的对称式花坛群，中央的石雕花盆和周边修剪整齐的绿篱，对称布置的绿篱球和塔形的柏树，起到了花坛的骨架作用，很好地组织了空间和高低层次，使得花坛更显大气

花坛的尺度与空间把控

花坛的大小需与花坛所在的场地、空间比例协调。这种比例关系似乎很好理解。因此，花坛小的只有几十平方米，大的则可成百上千平方米。由于花坛有炫耀的特质，人们会追求花坛的规模，觉得越大越气派，这样就容易产生花坛的设计问题。花坛设计的尺度把控就显得十分重要，需要掌握以下技术要点：

花坛的面积把控

花坛尺度本无上限，但花坛设计时应避免单个花坛的面积过大、花坛图案过满。这样的花坛不仅没有美感，也增加了施工、养护的难度。取而代之的是将大尺度的花坛分割成若干小尺度的花坛，形成花坛群，又称铺路花坛（Pavement Bedding）。这样的花坛既不失大气澎湃的气势，又能更好地展现花坛精致的园艺之美。

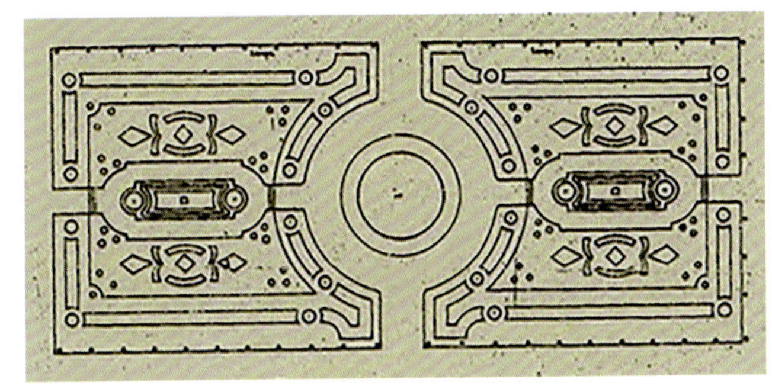

铺路花坛（上海复兴公园的对称式花坛群）全景图

花坛的宽度把控

大型花坛的拆分，其隐藏的技术是宽度的把控。花坛的宽度，最宽不宜过3m，最窄不小于30cm，以60～180cm为宜，既有利于花坛图案的呈现，又便于日后的花坛养护。大尺度花坛被拆分成花坛群，内设道路供游人步入其内，欣赏花坛；或便于园丁对花坛的日后养护。道路的宽度原则上按整体花坛的比例而定，但不宜过宽，花坛间过于松散而失去整体感，必要时可以设座椅，或造型树等增强联系。道路的合适宽度为1.5～2m，不宜小于30cm，至少能满足小型机械，如割草机的操作。这虽然不是铁律，却很有参考价值。

海宁世界花园大会的大花坛，图案填满了整个场地，花坛块面过大，尺度把控不力，图案线条不清晰流畅，导致施工、养护困难，图案凌乱

上海五角场商业中心大花坛，面积较大，虽然也有拆分，但还是过满，尺度把控不良，劣质的草坪都影响了花坛的效果

上海浦江郊野公园的奇迹花园大花坛，花坛面积近万平方米，设计将花坛拆分成几组对称的小花坛，尺度控制极佳，既有利于施工和日后养护，也增强了花坛的图案感

案例9：花坛尺度与空间的把控

图1 上海市长宁区街头花园内的“世博魔方”主题花坛，其平面部分的花坛图案丰满，尺度过宽而显臃肿

图2 经过改良后的“世博魔方”主题花坛，平面图案以浪花状飘带构图，尺度合适，图案轻盈、飘逸，整体花坛的主次更明确，魔方的主题性强了

图3 上海浦东新区的街头，沿道路的花坛，追求体量，满铺的色块，花坛宽度失控，中间的花卉无法养护，没有注意地形和周边绿化的陪衬。花坛效果欠佳

图4 上海金山区的街头，同样条件的花坛，采用几组飘带与圆形图案组成花坛群，注重花卉的质量和周边草坪的养护，花坛效果显得大方而又舒展

1 2
3
4

03 花坛的图形与图案设计

花坛的图形设计

指花坛整体外形的设计，设计的目的是如何将花坛的外形，无论其大小，进行合理的布局，做到既有华丽的美感，包括与环境的协调，融入花园环境的设计感，又有利于花坛植物的生长和花坛的日常养护。

图形是线条的集成，线条是图形的第一要素。构成图形的线条只有两种，直线和曲线或弧线。直线表现庄重之象，曲线则展示优美之趣。因此，花坛设计中，欲以威严、端庄之意者，宜多用直线；欲以优雅为本者，宜多用曲线；取其中庸者则直线和曲线混用。线条的组合集成，图形的变化必须因场地大小、宽窄条件而异，常见的花坛图形有如下4种，分别是圆形、角形或条形（带状）和复合形。

圆形花坛

以曲线构成的图形，圆形之美，美在柔和。圆形花坛根据场地大小，可以是整圆或两个以上的复圆或大小圆形组合。圆形花坛是花坛设计中最常见的类型。圆形花坛主

上海共青森林公园同心圆图案花坛

要图形案例如下：

同心圆：这类花坛适合场地面积较小的花坛、单一花坛，图案简洁，种植的花卉按中间高四周低的原则，图案间的花色宜选择对比强烈，便能保证花坛的效果。

圆形花坛群：整体外形为圆形，内部由若干小花坛组成的圆形花坛，如圆形与弧形结合，这类花坛适合场地面积较大的花坛。中心花坛圆形，由于面积

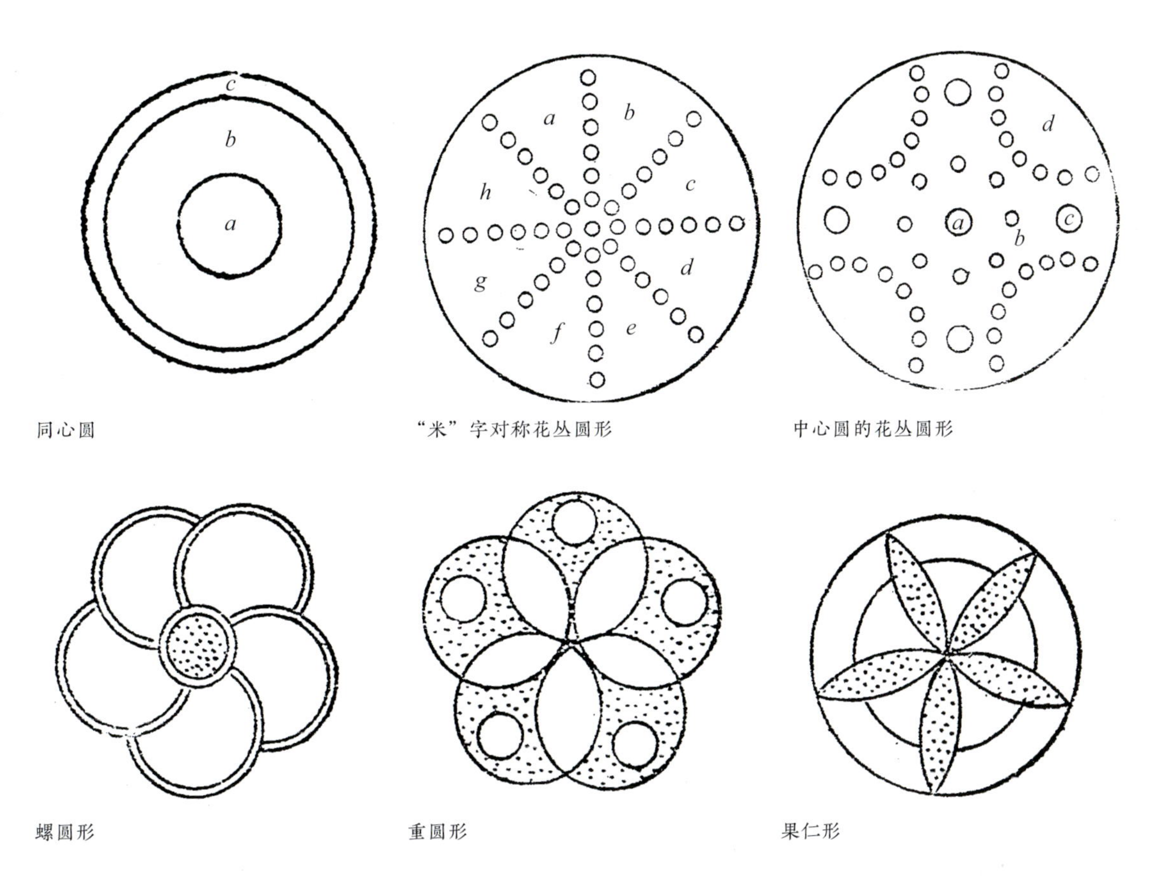

同心圆　　“米”字对称花丛圆形　　中心圆的花丛圆形

螺圆形　　重圆形　　果仁形

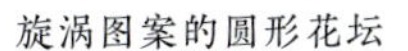

旋涡图案的圆形花坛

花丛图案的圆形花坛

重圆形花坛

圆形中间迷宫形

圆环以梯形和小圆交替，中间梅花形

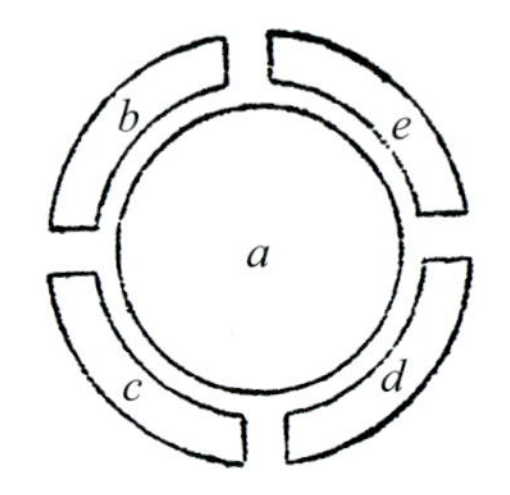

中心圆与弧形结合的复圆形

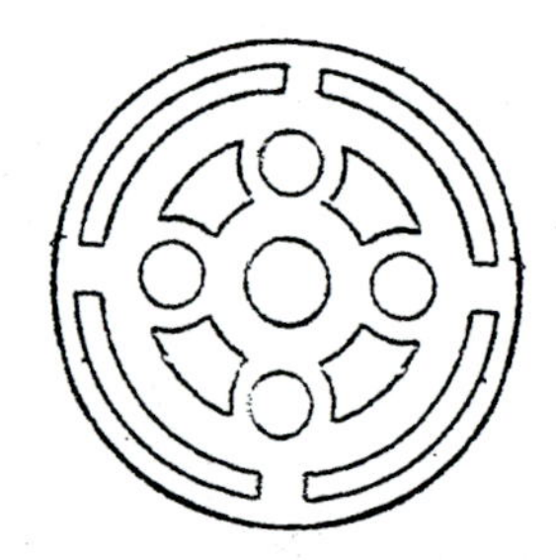

圆形中央藏雪花形

点弧形的复合圆形

上海曲阳公园中心广场的花坛为中心圆结合周边弧形圆的花坛群

布达佩斯链桥下的交通岛花坛，圆形加弧形图案花坛

较大，在圆的周边切成围合的圆弧形，之间设有园路，游人可以步入其内，也便于花坛的施工和日后的养护。花卉品种配置时同样宜中间高四周低，花色搭配除了对比强烈，还宜做到对称，有利于花坛的整体效果。

异形圆：仍以曲线合成的非正圆形，即圆形的变化，如椭圆形、卵圆形、半圆形、四分之一圆形、月牙形等。

常见异形圆的图形如下：

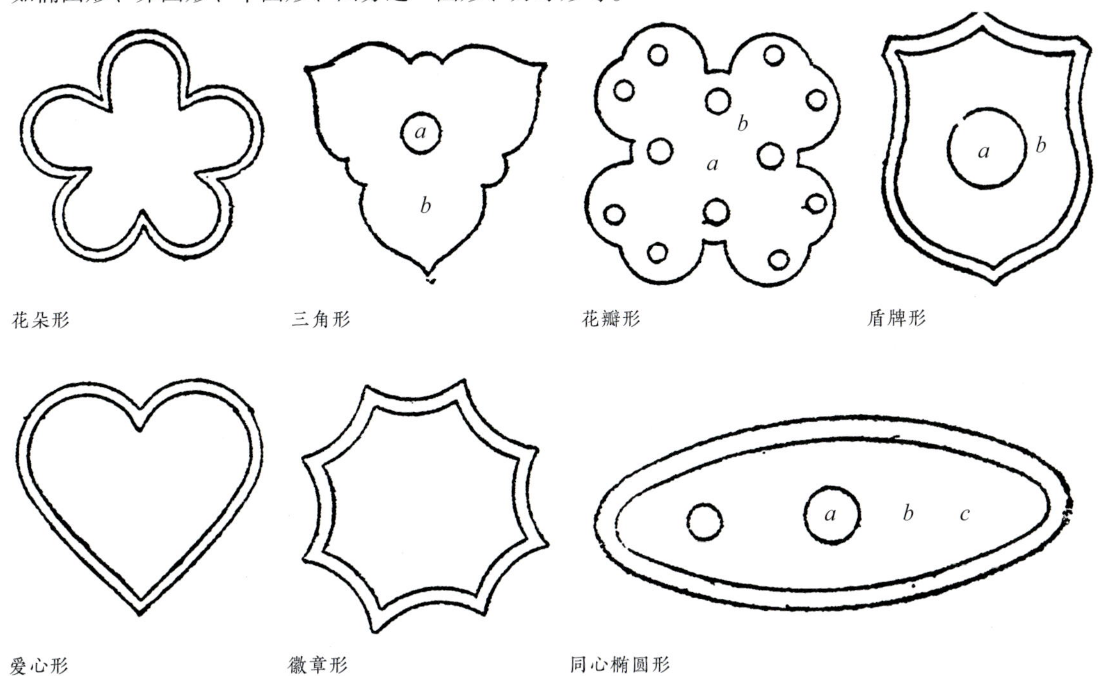

花朵形　三角形　花瓣形　盾牌形

爱心形　徽章形　同心椭圆形

上海世博会椭圆形花坛

上海长风公园的椭圆形花坛

上海南京中路上的异圆形花坛

角形花坛

以直线构成的图形。常以长方形、正方形和各种矩形，也包括六边形、八角形的花坛，在大型花坛的边角常用的三角形的花坛外形均属此类。这些花坛图形的轮廓整齐，规则赋予庄重、井井有条的美感。角形花坛可以是单一的花坛，更多的是结合圆形组成花坛群，常见角形花坛的图形见各种角形图例：

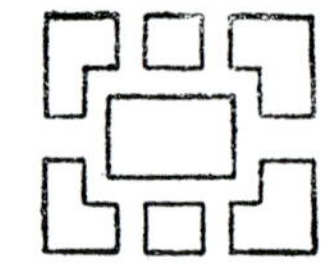

各种角形合成的花坛群

外围以对称的角形结合中央的椭圆形花坛群

外围长方形，中央圆形结合的花坛群图形

矩形与圆形结合的花坛群图形

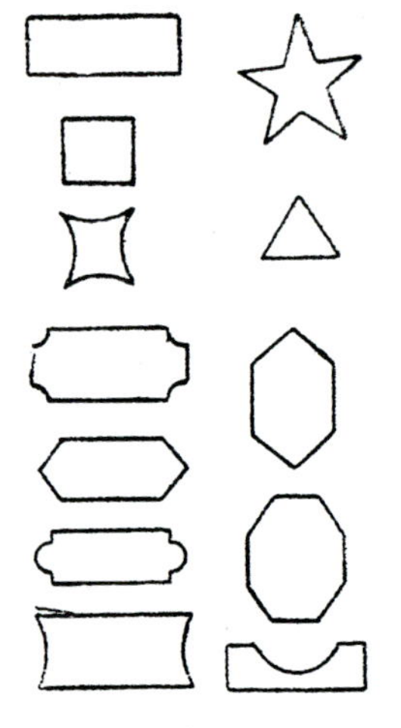

各种角形单元的花坛图形，长方形、正方形、星形、三角形、多角形，或两端凹凸等

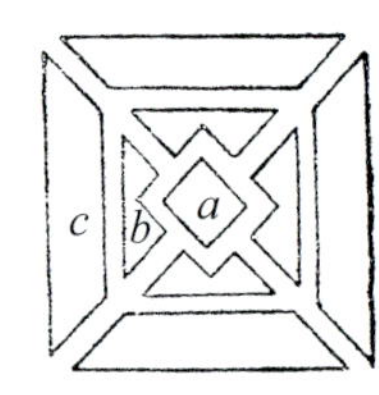

外围梯形花坛图形组合的花坛群

中央八边形花坛

外围菱形花坛

外围星形花坛

上海人民广场角形花坛

上海世纪公园长方形花坛

条形（带状）花坛

绿地中的大草坪或沿道路或建筑墙面，花坛面积呈狭长地带，可以用直线形成条形或曲线形成飘带形的花坛外轮廓，其内部由各种图案的花坛组成。这类花坛不仅适合狭长地块，也可在场地较大的绿地灵活应用；花卉品种的配置可以是单色一条较长的带状花坛，如只是单一花色一贯到底会显单调无趣，可采用多品种搭配成变化的图案，图案在条带内重复的配置手法，使条状（带状）花坛既有变化又有统一，规则的花坛韵律感十足。常见的条形（带状）花坛的图形见各种条形图例：

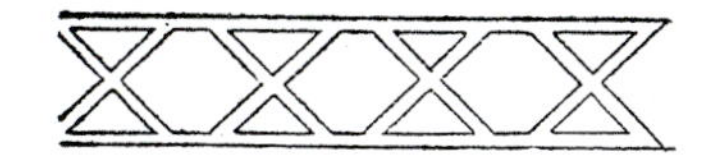

菱形重复

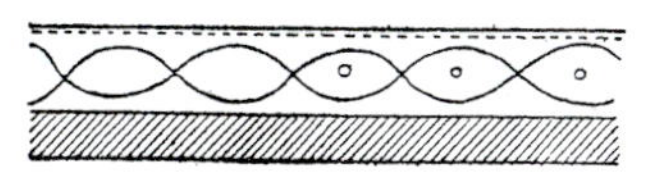

中间椭圆形重复

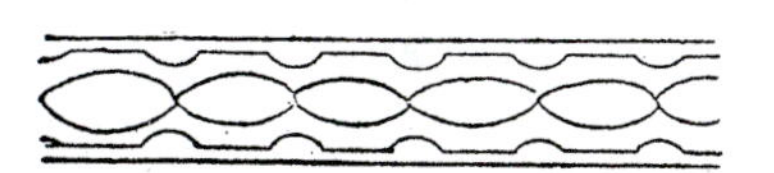

中央部分椭圆形，外侧半圆形重复

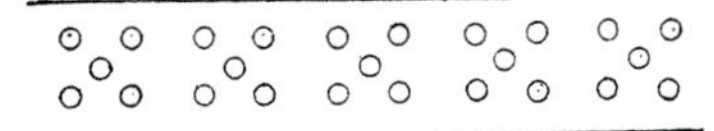

梅花形重复

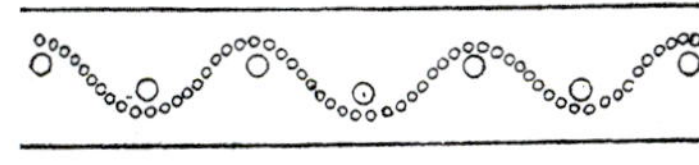

波形重复

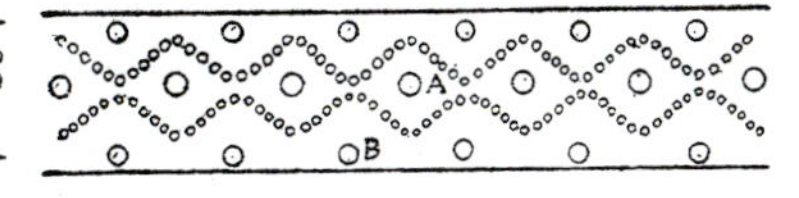

双波形重复

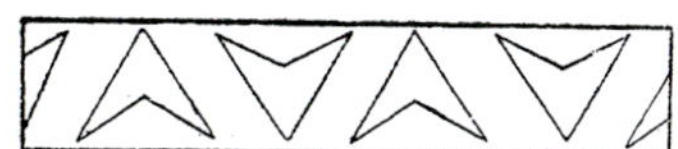

凹三角形重复

占形重复

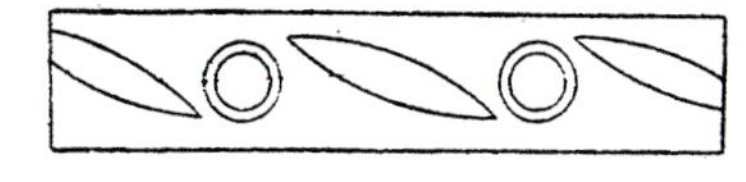

圆环与纺锤形重复

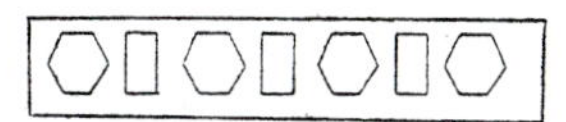

六边形与矩形重复

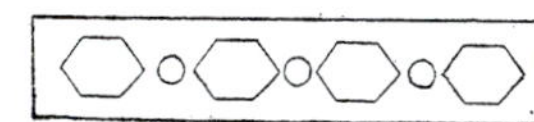

六角形与小圆形重复

旋涡形重复

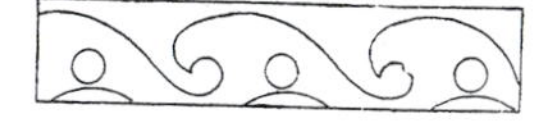

浪花重复

上海街头绿地中的单色条形花坛

上海闵行街头绿地的条形花坛

维也纳美泉宫沿道路的条形花坛

上海奉贤区政府大门两旁的条形花坛

上海古城公园大草坪上半圆形图案的条形花坛

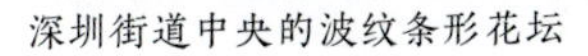

深圳街道中央的波纹条形花坛

不规则图案的条形花坛

布达佩斯公园内的花丛花坛，沿草坪边缘呈长条形

条形（带状）花坛常以花丛花坛的形式出现，用途非常广泛，即花坛内的花卉配置高低错落，变化丰富，但花丛的组合图案沿花坛的条形不断地重复出现，一、二年生花卉同时开放，形成花坛的整体效果，既有花坛的变化，又便于操作。常见的花丛式条形（带状）花坛的图案如下：

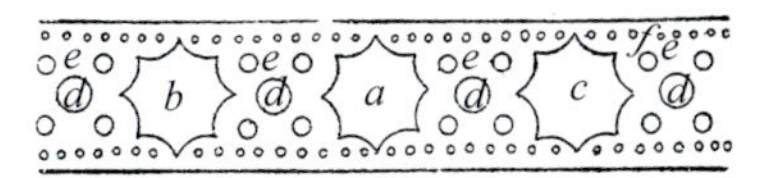

中央部为多边形，两侧大小圆形，外围边上小圆点分别种植不同的花卉，内侧略高、外围略低矮的品种

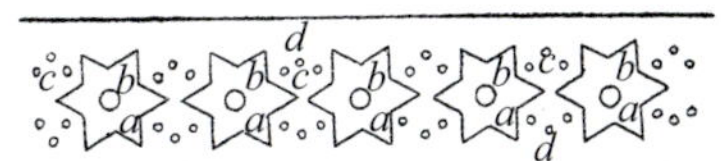

中央部为五角星的条形图案

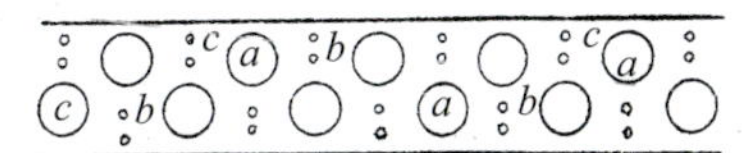

中央部为圆形的条形图案

加拿大维多利亚市商业广场的花丛花坛，呈现条形花坛

复合形花坛

即对称式的花坛群，花坛体量较大的，根据花坛的场地设置铺路花坛。花坛的中央通常设置较高的植物，或更多的是喷泉雕塑等形成花坛的中心，花坛群的整体是将角形和圆形组合而成的花坛，各个图形通常对称分布。常见的复合形花坛的图形见下边白描图。

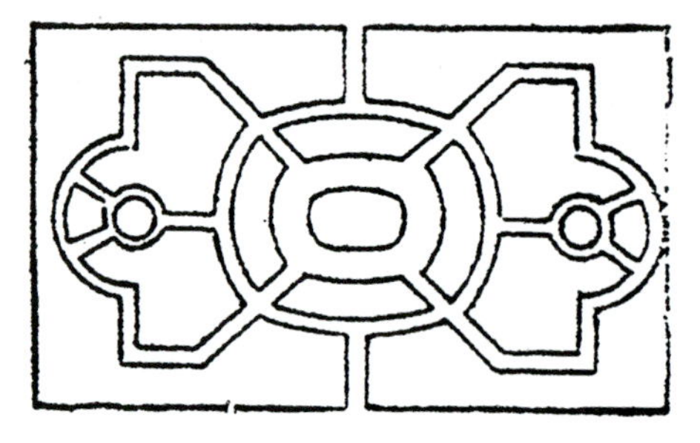

方形内以中央的椭圆形合成的对称式花坛

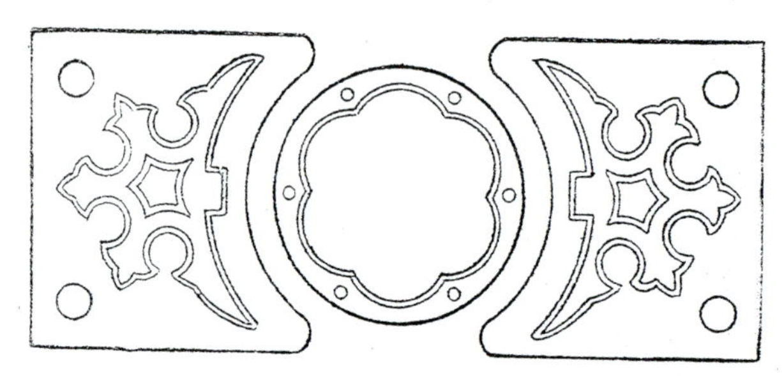

长方形内有各种图案、图形组成的复合形花坛群

上海复兴公园沉床式花坛的平面图，为复合形花坛群

花坛的春季效果

花坛的秋季效果

花坛的图案设计

花坛外形，即图形确定后，便要进行花坛的图案设计，花坛图案是在图形内添上纹样或有些图形本身就可以是图案。花坛的图案设计是花坛设计的核心，设计者通过各种图案，配以色彩并组合成花坛的景观表现，同时，图案也表达了花坛的主题。因此，花坛内的图案既要有艺术的美感，又要表达一定的主题含义。艺术的美感本来就是各种社会、文化发展的产物，人类文明已经为我们积累了许许多多的文化遗产，提供了各种表达人们对美好祝愿的图案，是我们设计花坛图案的宝贵源泉。

花坛图案设计的灵感

西方文化的花坛图案灵感：花坛起源于欧洲，自然许多图案的纹样来自欧洲的文化影响，这些纹样大多来自宗教文化、宗教美术，图案注重色彩的灿烂、装饰的华丽，强调人物精神的表现。现在我们依然能在许多名胜古迹的旅游景点看到那些图案，类型非常丰富，很多可以用作花坛图案设计的灵感。常见的有古老的拜占庭式（Byzantine Style）、撒拉逊式（Saracenic Style）、罗马式（Romanesgue Style）、哥特式（Gothic Style）等。

东方文化的花坛图案灵感：花坛发展到了东方，同样有着古老的文化文明，丰富了纹样表达形式，我国的敦煌壁画中著名的“飞天”图案是极好的花坛图案的纹样，更有深入人心的“吉祥”“如意”纹样组成的各种图案，都是花坛设计表达喜庆、欢乐、祥和主题的良好素材。

花坛图案灵感来自生活：无论是东

古老的拜占庭式图案

上海某小区大门柱上的拜占庭式图案

伊斯坦布尔的著名景点蓝色清真寺内，作者拍摄的撒拉逊式图案，具有浓烈的伊斯兰文化气息

罗马式图案

哥特式图案

我国敦煌壁画中著名的“飞天”图案

方文化还是西方文化提供的各种图案灵感，其实都来自生活，日常生活为我们提供取之不尽的纹样源泉。我国有五十六个民族，每个民族都有其独特的传统文化，包括了许许多多的图案纹样，具有深厚的文化底蕴。花坛图案设计中，纹样是构成图案的基本元素，常见的纹样有圆形、方形、长方形、三角形等，这些基本的几何图形也是花坛基本图形。因此，这些图形可以直接构成花坛的图案，直接成为花坛图案的还有各种简易化的图标，如花朵或各种纪念性的会标，吉祥物等也是常用的花坛图案。

花坛图案设计的原则

简洁原则：简洁的图案有利于增强花坛的图案感，操作性强，便于配置合适的花卉材料，达到设计的预期，易于呈现花坛图案效果。相反，过于烦琐复杂的图案，如过于细节的线条，难以配置花卉材料，随着花卉的生长，花

飘带图案构成的上海世博会志愿者标识花坛

如意图案

坛图案也容易走形而无法呈现花坛设计的效果。

均衡原则：花坛图案设计时，纹样的组织宜采用对称构图，又称对称原则。虽然不是绝对的法则，但是一种有效的方法，旨在保持花坛图案的均衡、稳定、协调，表现花坛的规则式景观的效果。

主次原则：图形构成花坛整体外形，并有图案组成花坛内容，通常可以将整个花坛的图案分成主体图案、角隅图案和边饰图案。主体图案往往体量占比较大，在花坛的中心位置，构成花坛

“祥云”图案

上海人民广场花坛的吉祥图案花坛

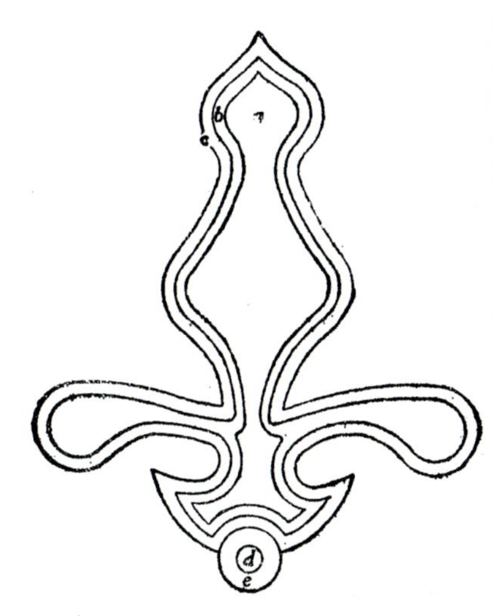

徽章图案

布拉格街头的徽章图案花坛

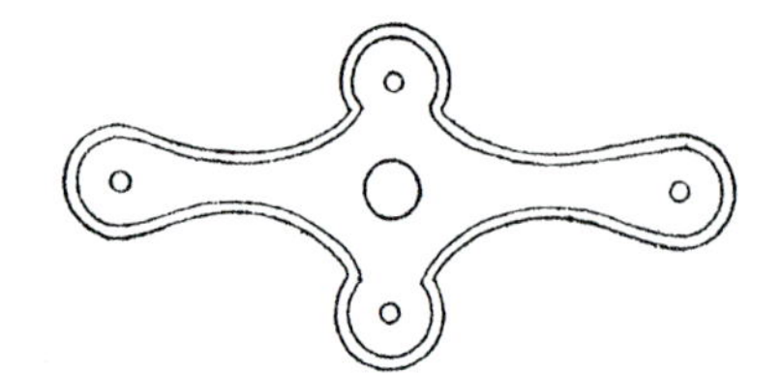

十字图案

布拉格街头的十字图案花坛

花朵图案

上海植物园花朵图案花坛

主体；边饰图案往往体量占比较小，在花坛的外围处于花坛的从属位置，与花坛形成主次关系；角隅图案即在花坛边缘转角位置，常常具有花坛空间组织的作用，使得花坛图案更加完整，进而强调了花坛的整体感，展现花坛的群体效果。对于体量小的花坛，花坛本身的主次关系没有那么突出，但花坛在绿地环境中的主景地位需要显现。

图形稳定、纹样变化原则：花坛的图案设计包括有图形，即花坛图案的外轮廓组成的图形和图形内的纹样组成。保持图形稳定，保持常年一致，而内部的纹样可以按需要变化，即在换季的时候重新设计纹样，达到花坛图案的变化，表达不同时期、不同季节的主题。这个原则主要是基于施工操作便利度，有助于花坛效果的保持。

圆形构图为主的扬州马可波罗花世界的花坛，花坛面积大，图形复杂、图案简洁

扬州马可波罗花世界的大花坛，起初的方案由于图案、色彩配置过于复杂，花坛整体的效果不尽人意

只有花坛外形，方形或圆形，没有图案的花坛，会显得单调乏味而无趣

圆形花坛只有图形，没有图案

圆形花坛中含圆形图案

图案过于复杂，既不利于操作，更不利于花坛效果的呈现

04 花坛设计中的植物选择

花坛植物主要采用一、二年生花卉类，包括多年生草花作一、二年生栽培的种类和部分开花、株型整齐的球根花卉。根据花坛景观的特质，在选择具体种类和品种时需要掌握以下方法。

花坛植物的整齐度

花坛的景观特质是规则、群体和图案效果。因此，花坛所用花卉材料需要整齐度高，包括苗龄、株型和花期的一致性。花卉材料的一致性和整齐度首先是品种特性决定的，品种的先天遗传性是先决条件，其次是栽培管理因素。花坛植物整齐度的选择内容包括以下几方面。

万寿菊 F_1 品种的整齐度

首选优良的园艺品种

如上所述，几乎所有的花坛植物选择要求都与品种有关。当今花卉园艺技术提供的杂交一代品种，简称 F_1 品种，其最主要的特点就是品种的一致性强。因此，能提供 F_1 品种的花坛植物往往是花坛植物的首选，如矮牵牛、四季秋海棠、天竺葵、万寿菊、何氏凤仙、长春花、三色堇、角堇、金鱼草等都有了 F_1 代杂交的园艺品种。即便 F_1 品种技术自20世纪50年代出现至今有70多年时间了，但仍然有许多花坛植物还没有 F_1 的园艺品种，常称OP品种，包括那些十分常用的花卉种类，如一串红、鸡冠花、孔雀草等。这类花卉种类，由于尚未培育出 F_1 代杂交的品种，其遗传性状的整齐度就不如那些 F_1 的品种的种类。品种间稳定性、一致性和整齐度的差异选择就变得尤为重要，同时，栽培过程中的生长控制也是提高花卉材料整齐度的重要手段。

苗龄

花坛植物种植时的苗龄，即花卉生长的时间和发育的阶段。为了保证花坛植物的整齐度，应该选择同一批次的品种和生产日期的花卉材料。同一批次是指选用品种的同一批次的种子或插穗，即便同一品种，不同批次的材料还

万寿菊优质品种在花坛内的表现，整齐一致，犹如天安门广场上阅兵时的士兵方阵

同样的花坛配色，OP品种的孔雀草会略逊一筹

是有可能出现差异，特别是OP品种。花坛植物苗龄的整齐度与其生产过程的栽培管理的一致性紧密相关。栽培管理，包括播种或扦插的日期，生长环境中的温度、光照、空气湿度、通风状态，当然还有水、肥的提供和生长调节物质的使用，甚至摘心等栽培措施都会直接影响到花卉材料的整齐度。

上海人民广场大道上的一串红、孔雀草株型不整齐，花坛效果不理想

株型

花坛植物的株型，即花卉的分枝性，形状、株高与株幅。为了保证花坛植物的整齐度，应该选择植株低矮、紧凑、基部分枝多、株型圆整的品种。花卉株型的保持与品种特性有关，但是同样的品种，不当的栽培管理会导致不同的结果。有些栽培措施，如不当的摘心，看似植株分枝增加了，但株型会变得凌乱不堪；栽培的摆盆过于密集，看似密密麻麻一片色彩，但会出现许多大小苗、徒长苗、基部脱脚苗。有些栽培管理，如过多地提供水分和氮肥会导致叶片肥大，分枝减少，形成徒长苗。

株型整齐的天竺葵、孔雀草，形成了较好的花坛效果

花色

花坛植物的花色，主要是花卉花朵的色彩，包括观叶植物的叶色。花坛图案效果很大程度上是依赖于色彩，花坛说到底是一种色彩的艺术。因此，花坛植物的色彩选择至关重要。花色选择的一般要求为色泽纯正，即花色正，纯度高，色彩鲜艳而稳定。花坛植物配色的实际应用中，与花卉的色彩之丰富程度相比，人类对色彩语言表达显得十分匮乏，同样的色彩，如最常用的红色，不同种类、品种间的红色会有显著差异，产生截然不同的花坛效果。如一串红的红色，鲜艳亮丽，被广泛应用于表达喜庆的花坛主题；三色堇的红色，暗淡灰旧，完全出乎我们对红色的想象，花坛的效果会大打折扣。各种红色的花朵，鲜艳程度差异很大，花卉种类和品种通常会有相对的优势花色，如矮牵牛的粉红色、玫红色相对优势，白色、蓝色其次，而我们常用的红色相对较弱。因此，我们选择花坛植物花色时不能仅凭感觉选择花色，即矮牵牛宜多用粉红色、玫红色，慎用红色。类似的情况很多，如三色堇宜多用黄色、蓝色，少用红色、玫红色；大花百日草宜多用樱桃红、黄色，少用红色。

花卉复色应用可以丰富花坛图案的色彩和图案的灵动感。通常我们会专注的花色为单色，如天竺葵有红色和鲑红两种单色，每两个单色便可以形成一个复色，这样可以

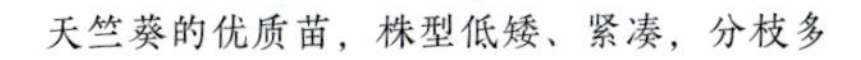

天竺葵的优质苗，株型低矮、紧凑，分枝多

植株第一个花序开放，周边有4~5个花蕾待放

适当的盆距是生产优质一串红苗的保障

苗圃密集摆放的一串红，看似一片红色，但过密的盆距无法形成优质苗

经过挤压的苗会出现大小苗和株型不整的畸形苗

一串红的红色鲜亮

三色堇的红色显灰暗

丰富花坛配色的色彩和图案的异样效果。

花坛植物的花色不稳定性是客观存在的，有些品种的花色有变色的现象，花色选择时需多加注意。有些花色，如鸡冠花‘世纪’黄色会由深变浅，百日草‘麦哲伦’粉色会变淡起旧；有些花色会随温度的变化而变化，如鸡冠的红色经过高温后会变成玫红色。

花期

花坛植物的主要观赏期，观花种类主要在其开花期；观叶植物的观赏期较长。因此，花坛植物的花期选择主要针对观花植物的品种，一是花坛植物的开花日期；另一个是花坛植物开花的整齐度。花坛以其即时效果为特点，人

天竺葵有红色和鲑红两个单色

单色何氏凤仙的花坛配色效果

两个单色天竺葵混合成的复色

复色配色花坛效果

鸡冠花的黄色容易褪色，显得色彩不纯

褪色后的黄色鸡冠花失去观赏性

们对花坛的最佳观赏期要求往往比较严格。尤其在我国，很多情况下特指某一天，或一个活动阶段，如5月1日的国际劳动节，10月1日的国庆节，或2023年11月5日到11月10日的国际进口博览会，或2021年5月21日到7月2日的第十届中国花卉博览会等。

花坛植物的花期选择，就是要选择在这些特定的日期或阶段能保证所用的花卉品种进入盛花，展现最佳效果。不仅是某个品种的花期，而是同一花坛内的不同品种都要达到花期的即时性和一致性。这样的花期选择，对于我们常用的日期还是可以凭借经验来选择的，对于那些不常用的日期或不熟悉的品种来讲，要做到这一点是非常有挑战的。不同的地区，即便相同的品种；同一地区，不同的季节，同样品种的花期也是完全不同的。在本地区进行不断试验和观察积累是选择好花坛植物花期的必要手段。

花坛植物的花盖度

花坛的景观常以规则的图案来表现，花坛植物的花盖度是满足这种造景需求的重要指标，有所谓“见花不见叶”的描述，也就是说，我们要选择的花坛植物，其花盖度越高越好。

花卉植物的花盖度主要取决于花卉的种类、品种以及花卉的栽培质量。只有那些株型紧凑低矮、基部分枝多、开花量多而密集的种类才适合花坛应用。花盖度的高低与品种的关系更加密切，这也是各大花坛植物育种公司竞争的核心，同样的矮牵牛，品种间花盖度的差异明显，多花类的品种，其花盖度往往高于大花类的品种。同样的品种，花盖度还受栽培措施的影响，栽培管理不当，苗木瘦弱、徒长等都会导致花盖度低、花坛效果不良。

一串红、孔雀草花盖度几乎达100%

优质矮牵牛品种的高花盖度

劣质矮牵牛品种的低花盖度，无法形成良好的花坛图案效果

同样的一串红，栽培质量的差异，导致了花盖度的差异明显

05 花坛植物配置的方法

花坛植物配置的整齐度：花卉选择运用技巧

优先采用株型圆整、分枝密集、多花性的品种，符合花坛追求群体效果

尽管花卉植物有着多种的形态，但在花坛植物配置中，不追求植物的形态变化，以紧凑、矮壮、多花为主。因此，传统意义上追求的“大花”“重瓣”并不是花坛植物配置的主选，相反被要求避免使用或谨慎使用。如花坛中最常用的花卉矮牵牛，其品种类型丰富，但多花单瓣类是目前的最佳选择。即便是矮牵牛的多花单瓣类品种，还有紧凑和更紧凑的品种不断出现，如矮牵牛‘马尔波’是目前市场上最紧凑的多花单瓣类品种。花坛植物配置时掌握花坛植物的品种类型知识非常重要，同时需要了解市场上品种变化的最新动态。

花坛植物品种展示会上的矮牵牛品种

冬季花坛的主要品种‘小钱币’角堇，株型圆整，多花性

优先采用质感相近的花卉品种，保持花坛效果的协调一致性

同其他花卉植物一样，花坛植物有质感的变化，主要有粗糙感、细腻感和中间感。花坛植物配置时特别要注意粗糙感和细腻感植物的差异，尽量采用质感相近的品种配置在同一个花坛内，避免质感差异过大的品种配置在相邻位置。譬如一串红配孔雀草；天竺葵配万寿菊，尽管都是红色配黄色，但从花朵

四季海棠‘尤里卡’花朵密集，见花不见叶

矮牵牛品种‘马尔波’（右）与普通多花性品种比较更显紧凑

花穗稠密的一串红与小花密集型的孔雀草配置协调

花朵呈球形的天竺葵与花朵硕大的万寿菊相得益彰

花坛中的四季秋海棠、孔雀草与木本的杜鹃显得格格不入

四季秋海棠、千日红和孔雀草组成的花坛，株型、质感、花期不一致，效果欠佳

的大小、株型的高低、枝叶的质感来看，这样的配置比较容易产生较协调的效果。孔雀草的质感略粗糙感，就难以和枝叶比较细腻的四季秋海棠或木本的盆栽杜鹃配置在同一花坛内。

优先采用同品种（系）的不同花色，易产生整齐一致的花坛效果

不同的种类之间，往往由于植株形态、质感的差异过大，花期不一，很难形成整齐一致、色彩协调的花坛效果。因此，花坛的植物配置，尤其是初学者，建议尽量采用同品种的不同花色来搭配，组合成花坛设计要求的图案。矮牵牛、四季秋海棠、一串红、百日草、非洲凤仙等能成为常用的花坛植物，就是这些种类分别有不同的花色，容易满足花坛图案效果的呈现。避免盲目追求种类丰富，当采用不同种类的花色进行搭配时，需要考虑这些种类的形态、质感差异小、花期一致的品种，同样可以形成协调一致的花坛效果。

一串红、何氏凤仙、四季秋海棠和孔雀草组成的花坛，株型、质感难以协调，花坛图案效果差

花坛中的花卉种类过多，一串红、何氏凤仙、蓝花鼠尾草、孔雀草和四季秋海棠，尽管有些质量还可以，但花卉的形态、质感差异过大，难以协调，图案效果差

矮牵牛不同花色配置的花坛，形态、质感、色彩协调性强、效果良好

四季秋海棠不同花色配置的花坛

一串红不同花色配置的花坛

百日草不同花色配置的花坛

非洲凤仙不同花色配置的花坛

天竺葵、万寿菊和何氏凤仙，其质感非常接近，配置的花坛整齐一致、效果好

花坛植物配置需要保证花期的一致性，花坛体现的是整齐的群体效果

花坛植物配置时，花坛内花卉植物的花期必须保持一致，才能展现出花坛的效果。我国大部分地区，花坛可以做到四季有花，是通过季节性花卉的更换来实现的。花坛植物配置时，不仅要做到当季花坛花卉的花期一致，同时要考虑每次更换的花卉，保持其花期的一致性。花坛的效果是靠花期的吻合来实现的，而花坛植物的花期主要与花卉习性相关，如在我国南方难以用角堇、三色堇、紫罗兰等冷凉型的花卉；另一方

上海陆家嘴中心绿地花坛内，天竺葵与万寿菊花期一致，效果佳

花坛内一串红和孔雀草花期有明显差异，花坛效果欠佳

上海辰山植物园建党百年庆的主题大花坛，于2021年7月1日盛花

面，花期与栽培方式相关，许多温暖型花卉，如一串红、孔雀草、百日草等既可以春花，也可以秋花，甚至夏花，只要掌握不同的育苗和栽培期。这些变化的花期影响因素在不同的地区差异很大。因此，各地区的试验、观察和积累对花坛植物配置中的花期把握非常重要。

花坛中的蝴蝶翅膀图案，用单一色的紫红，图案感弱

同样的翅膀图案，用红、白色的四季秋海棠，效果明显

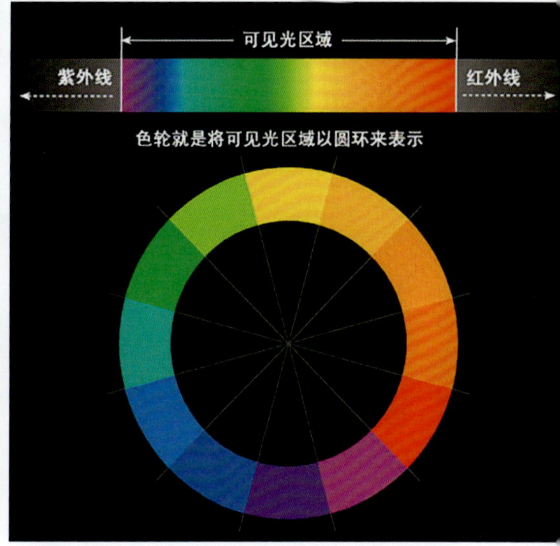

色环，将可见光用圆环来表示

花坛植物配置的图案感：色彩原理运用技巧

花坛图案感是花坛体现效果的重要元素之一，除了设计时选择合适的图案，表达出花坛的主题，其图案的实现完全依靠花坛植物的配置，即花坛植物的色彩配置。

色彩学原理的运用

即经典的色环原理。光谱的颜色是在彩虹中看到的全部色调。有三原色（primary colours），即红色、黄色、蓝色。所谓原色，所有其他的颜色都由原色混合而产生，反之，混合无法产生原色。当其中两种颜色混合时，会产生3种副色（secondary colours），即橙色、紫色、绿色。然后在每个原色与副色之间再扩展成6个中间色（intermediate colours），即橙黄色、橙红色、紫红色、蓝紫色、蓝绿色、黄绿色。大自然中的花卉植物为我们提供了几乎所有的色彩，花坛植物配置时，根据色环原理，首先要运用好色彩的对比与调和关系。

矮牵牛的玫红、蓝色和孔雀草的黄色形成分裂对比色，花坛图案感强

花坛内万寿菊的黄色是个关键色彩，一串红的紫色形成对比色

花坛内千日红的紫红、繁星花的深红和玫红，调和色搭配，不利于花坛图案效果的呈现

百日草的红色、玫红为调和色搭配，花坛的图案效果不佳

尽管花坛内的花卉多，面积大，但红色与橙黄为调和色搭配，花坛的图案效果不佳

花坛植物配置要优先使用对比色

色环原理中，每个颜色正对的颜色即为对比色，如红色的对比色为绿色，黄色的对比色为紫色，蓝色的对比色为橙色。将两种对比色，如橙色与蓝色并排放置会产生强烈的对比效果。实际花坛植物配置时，我们只要利用色环，采用两种相隔较远的颜色即可形成对比色，产生明快的图案感，增强花坛的视觉效果。

花坛植物配置要谨慎使用调和色

色环原理中，两个相邻原色之间的花色为调和色，这意味着这些颜色仅仅是这两种原色的渐变混色。如黄色与红色之间的橙黄、橙色、橙红是在黄色中逐渐加入红色的结果。这些颜色越是相邻的，调和度越高。将两种调和色并排放置，色彩渐变，图像模糊，不利于产生明快的图案感。实际花坛植物配置时，我们应谨慎采用两种相邻的色彩搭配。

花坛植物的配置利用白色可以增强花坛色彩的明度

色环原理中，通过色环由外向内加入不同量的白色，形成无数等级的明度，颜色逐步变浅，产生粉红、浅黄、淡紫。这个原理告诉我们，使用白色可以提高色彩组合的明度。实际花坛植物配置时，我们在任何的原色、副色中加入白色可以提高花坛色彩的明度，增强图案感。

上海肇家浜路上的花坛内矮牵牛的红、橙黄和蓝色，由于色调偏深、偏暗，花坛图案灰暗

同样是上海肇家浜路上的花坛，可以看到白色的提亮作用

我国的花坛主要用以表现“喜庆、欢快”的气氛，花卉配置暖色调的搭配是主流

花坛植物配置中冷、暖色调的运用，用来更好地表达花坛的主题

色环原理中，将色环一分为二，以橙色为中心的一半为暖色调（warm colours)，以蓝色为中心的一半为冷色调（cool colours)，其分界线是绿色与黄绿色之间和红色与紫红色之间的连线。暖色调如红色、橙色等色调热烈、刺激、活跃，视觉感受强烈，常用于表达喜庆、欢快的花坛主题。冷色调如蓝色、紫色等，色调平和、宁静、休闲，视觉感受温和，常用于表达优雅、平和的花坛主题。

日本横滨花展上的花坛，表现清新、宁静的花坛，花卉配置采用了冷色调

06 花坛设计文件与图纸绘制

花坛的设计文件

设计图纸

花卉布置的设计图纸是设计文件的核心部分，根据花卉布置的规模大小，设计图纸包括平面图、施工图和效果图，同一方案的设计图纸宜采用统一大小的纸张，如A4或A3。

平面图

总平面图：由2个（含2个）以上单体形式组成的，一般整体面积较大的花坛景观必须提供总平面图。总平面图是用来显示花坛和周围环境的关系图。总平面图可以表示的主要内容：一组花坛的若干个花坛之间以及在绿地中的位置和比例关系。图纸通常按1：500。

平面图：平面图是用来显示单个花坛中具体的图案以及花卉种类和品种关系的图纸，是花坛设计图纸中最重要的部分，任何花坛设计必须提供平面图。平面图是将设计内容中的具体花卉种类、品种（花色）按比例在图纸上标明，标明的内容必须和所附的花卉材料清单的编号、种类等对应。小型的花坛平面图可以直接附上花卉的种类、品种、规格和数量。图纸比例根据地形、面积大小，可采用1：100、1：50、1：20。

剖面图

指在花坛遇到有地形变化时，剖面图用来剖示花卉植物与地形和周围环境的关系。根据花坛规模大小，可以提供整体的剖面图或局部的剖面图，常采用1：50、1：20的图纸比例尺。

放样图

也称放线图，指用作花坛施工时将设计内容绘制到地面所用的图纸，传统的方法有方格网、几何比例或坐标表示。图纸比例尺1：20、1：50。对于一些要求精准的特大型花坛，可使用带有北斗导航系统的RTK（实时动态载波相位差分测量法），这一测量新技术放样高效精准。上海辰山植物园的建党百年庆的特大型花坛采用这项技术，取得了极佳的效果。

效果图

用来表达花坛设计的效果，尤其是有立体景观，如立体花坛等。运用各种绘图方式绘制成效果图能直观地表现设计效果。

设计说明

指除设计图纸以外的所有设计文件，主要对花坛的技术、质量提出具体要求，确保设计效果的达成。设计说明包括：

设计概述

简要说明花坛的基本情况，包括规模大小和设计意图（立意构思），设计内容包括图案和所用的花卉材料是如何表现主题内容的。设计运用的特别花卉种类和技术与达成设计意图的关系，并说明一些特别注意的技术要点（难点）。

案例10：花坛设计图纸

图1 扬州马可波罗花世界的总平面图，红色标记处为花园的大花坛，清晰地标明了花坛的位置及花坛与整个花园的比例关系。下方为标红花坛区域的局部平面图，花坛规模较大，局部平面图可以对每个图案地块进行编号标记，方便组织施工

花坛花卉更换清单			2017 年春季花卉品种				2017 年夏季花卉品种							2017 年秋季花卉品种					
编号	部位	面积（m^2）	品种	系列	花色	更换时间	实际面积（m^2）	品种	颜色	规格（cm）	密度（株 /m^2）	数量	更换时间	品种	颜色	规格（cm）	密度	更换时间	数量
A2.58	外斜面	22	角堇	小钱币	黄色	3 月 5 日	22	太阳花	玫红	10	25	550	7 月上	孔雀草	珍妮橙黄	10	36	9 月中	792
A2.60		22	角堇	小钱币	橙黄	3 月 5 日	22	太阳花	玫红	10	25	550	7 月上	孔雀草	珍妮橙黄	10	36	9 月中	792
A2.64		15	角堇	小钱币	黄色	3 月 5 日	15	太阳花	玫红	10	25	375	7 月上	孔雀草	珍妮橙黄	10	36	9 月中	540
A2.66		15	角堇	小钱币	橙黄	3 月 5 日	15	太阳花	玫红	10	25	375	7 月上	孔雀草	珍妮橙黄	10	36	9 月中	540
A2.70		7	角堇	小钱币	黄色	3 月 5 日	7	太阳花	玫红	10	25	175	7 月上	孔雀草	珍妮橙黄	10	36	9 月中	252
A2.72		7	角堇	小钱币	橙黄	3 月 5 日	7	太阳花	玫红	10	25	175	7 月上	孔雀草	珍妮橙黄	10	36	9 月中	252
A2.73		9	角堇	小钱币	黄色	3 月 5 日	9	太阳花	玫红	10	25	225	7 月上	孔雀草	珍妮橙黄	10	36	9 月中	324
A2.75		9	角堇	小钱币	橙黄	3 月 5 日	9	太阳花	玫红	10	25	225	7 月上	孔雀草	珍妮橙黄	10	36	9 月中	324
A2.79		17	角堇	小钱币	黄色	3 月 5 日	17	太阳花	玫红	10	25	425	7 月上	孔雀草	珍妮橙黄	10	36	9 月中	612
A2.81		17	角堇	小钱币	橙黄	3 月 5 日	17	太阳花	玫红	10	25	425	7 月上	孔雀草	珍妮橙黄	10	36	9 月中	612
A2.85		23	角堇	小钱币	黄色	3 月 5 日	23	太阳花	玫红	10	25	575	7 月上	孔雀草	珍妮橙黄	10	36	9 月中	828
A2.87		23	角堇	小钱币	橙黄	3 月 5 日	23	太阳花	玫红	10	25	575	7 月上	孔雀草	珍妮橙黄	10	36	9 月中	828
A2.91		23	角堇	小钱币	黄色	3 月 5 日	23	太阳花	玫红	10	25	575	7 月上	孔雀草	珍妮橙黄	10	36	9 月中	828
A2.93		23	角堇	小钱币	橙黄	3 月 5 日	23	太阳花	玫红	10	25	575	7 月上	孔雀草	珍妮橙黄	10	36	9 月中	828
A2.97		16	角堇	小钱币	黄色	3 月 5 日	16	太阳花	玫红	10	25	400	7 月上	孔雀草	珍妮橙黄	10	36	9 月中	576
A2.99		16	角堇	小钱币	橙黄	3 月 5 日	16	太阳花	玫红	10	25	400	7 月上	孔雀草	珍妮橙黄	10	36	9 月中	576
A2.103		16	角堇	小钱币	黄色	3 月 5 日	16	太阳花	玫红	10	25	400	7 月上	孔雀草	珍妮橙黄	10	36	9 月中	576
A2.105		16	角堇	小钱币	橙黄	3 月 5 日	16	太阳花	玫红	10	25	400	7 月上	孔雀草	珍妮橙黄	10	36	9 月中	576
A4.3	内斜面	17	角堇	小钱币	黄斑	3 月 5 日	17	太阳花	黄色	10	25	425	7 月上	孔雀草	珍妮橙黄	10	36	9 月中	612
A4.9		18	角堇	小钱币	黄斑	3 月 5 日	18	太阳花	黄色	10	25	450	7 月上	孔雀草	珍妮橙黄	10	36	9 月中	648
A4.15		37	角堇	小钱币	黄斑	3 月 5 日	37	太阳花	黄色	10	25	925	7 月上	孔雀草	珍妮橙黄	10	36	9 月中	1332
A4.21		5	角堇	小钱币	黄斑	3 月 5 日	5	太阳花	黄色	10	25	125	7 月上	孔雀草	珍妮橙黄	10	36	9 月中	180
A4.24		7	角堇	小钱币	黄斑	3 月 5 日	7	太阳花	黄色	10	25	175	7 月上	孔雀草	珍妮橙黄	10	36	9 月中	252
A4.30		35	角堇	小钱币	黄斑	3 月 5 日	35	太阳花	黄色	10	25	875	7 月上	孔雀草	珍妮橙黄	10	36	9 月中	1260
A4.36		5	角堇	小钱币	黄斑	3 月 5 日	5	太阳花	黄色	10	25	125	7 月上	孔雀草	珍妮橙黄	10	36	9 月中	180
A4.39		23	角堇	小钱币	黄斑	3 月 5 日	23	太阳花	黄色	10	25	575	7 月上	孔雀草	珍妮橙黄	10	36	9 月中	828
A4.45		40	角堇	小钱币	黄斑	3 月 5 日	40	太阳花	黄色	10	25	1000	7 月上	孔雀草	珍妮橙黄	10	36	9 月中	1440
A4.51		25	角堇	小钱币	黄斑	3 月 5 日	25	太阳花	黄色	10	25	625	7 月上	孔雀草	珍妮橙黄	10	36	9 月中	900
A4.57		3	角堇	小钱币	黄斑	3 月 5 日	3	太阳花	黄色	10	25	75	7 月上	孔雀草	珍妮橙黄	10	36	9 月中	108
A5.1.2	圆环斜面	8	角堇	小钱币	黄色	3 月 5 日	8	太阳花	白色	10	25	200	7 月上	孔雀草	珍妮橙黄	10	36	9 月中	288
A5.1.8		8	角堇	小钱币	黄色	3 月 5 日	8	太阳花	白色	10	25	200	7 月上	孔雀草	珍妮橙黄	10	36	9 月中	288
A5.2.2		9	角堇	小钱币	黄色	3 月 5 日	9	太阳花	白色	10	25	225	7 月上	孔雀草	珍妮橙黄	10	36	9 月中	324
A5.2.8		9	角堇	小钱币	黄色	3 月 5 日	9	太阳花	白色	10	25	225	7 月上	孔雀草	珍妮橙黄	10	36	9 月中	324
A5.12.3	斜面	25	角堇	小钱币	桃色欢舞	3 月 5 日	25	太阳花	白色	10cm	25	625	7 月上	孔雀草	珍妮橙黄	10cm	36	9 月中	900
A5.12.9		13	角堇	小钱币	桃色欢舞	3 月 5 日	13	太阳花	白色	10cm	25	325	7 月上	孔雀草	珍妮橙黄	10cm	36	9 月中	468
A5.12.15		13	角堇	小钱币	桃色欢舞	3 月 5 日	13	太阳花	白色	10cm	25	325	7 月上	孔雀草	珍妮橙黄	10cm	36	9 月中	468
A5.12.21		4	角堇	小钱币	桃色欢舞	3 月 5 日	4	太阳花	白色	10cm	25	100	7 月上	孔雀草	珍妮橙黄	10cm	36	9 月中	144
A5.12.24		10	角堇	小钱币	桃色欢舞	3 月 5 日	10	太阳花	白色	10cm	25	250	7 月上	孔雀草	珍妮橙黄	10cm	36	9 月中	360

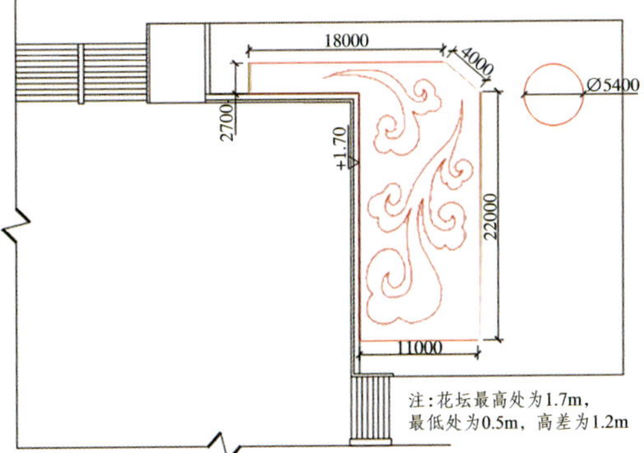

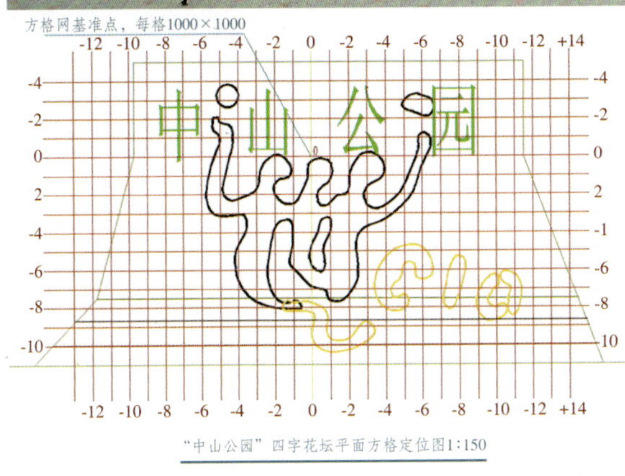

图2 扬州马可波罗花世界花坛对应平面图编号的花苗清单，包含了季节性花苗的更换清单

图3 扬州马可波罗花世界花坛完成后的效果［新自然（上海）城市规划设计有限公司提供］

图4 上海人民广场中心花坛的平面图

图5 花坛的局部平面施工图，标有详细的尺寸和地形坡度

图6 花坛完成后的效果

图7 上海中山公园世博会会标图案花坛，图案较复杂，采用网格法放样图

图8 花坛完成后的效果

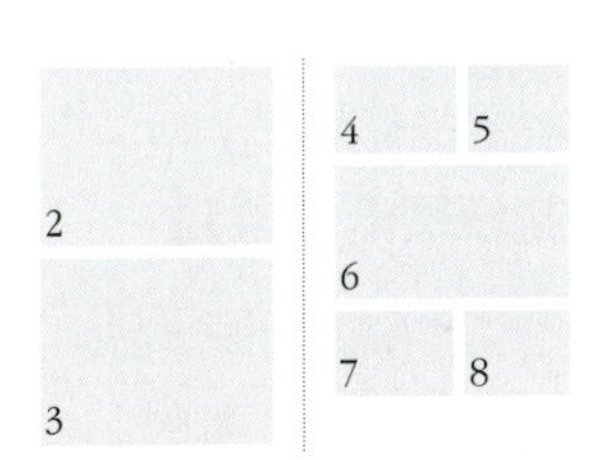

地形与土壤改良建议

立地条件的改善是达成花卉布置设计的基础。根据设计要求结合现场实际情况，对地形处理和土壤改良提出具体要求。土壤改良以满足花坛土壤的基本理化性状为目标。具体内容包括现场地形改造，土壤改良要求和平整要求。

水肥提供方案

水肥提供是维持花卉布置效果的关键，是花卉养护的重要措施。花卉布置设计时就必须充分考虑并有具体的说明。

经费预算表

经费是达成花卉布置设计的保障，设计应根据花卉布置设计的全部内容，包括所有的材料和施工的数量和质量要求为依据编制合理的经费预算表。

上海虹口区街头绿地中的“扬帆起航”主题花坛效果图

完成的花坛效果实景图

花卉材料清单

花卉材料是达成花坛设计效果的前提，必须按花坛设计的要求提供详细的清单，对花卉的种类、品种（花色）、数量、规格和质量提出具体要求。通常花坛的图案相对固定，但花坛内的花卉材料需要随季节更换，这样花坛的花卉材料清单，不仅要提供当季的花卉材料信息，同时要提供一年四季更换的花卉材料信息。这对于大型花坛尤其重要，如扬州马可波罗花世界的大花坛，花坛的图案内容丰富，涉及的花坛部位和图案细节多，需要设置表格，其编号、部位与花坛图纸对应，并提供花卉的种类、品种（花色）、数量、规格等信息，以及不同季节花卉材料的更换信息。这样才能提高花坛花卉材料准备的效率。

花坛图纸的绘制

花坛图纸的绘制是花坛设计工作最主要的结果呈现形式，图纸绘制包括设计构想，形成草图方案，修正图案，精准平面图的绘制等。现以最常用的平面图为例，用图示叙述整个花坛平面图的绘制方法。

种植平面图的比例尺，设计师要将所选的花卉品种种植到精确位置，要做到这一点，图纸要将花坛花卉的种植的位置画得足够准确，图纸就需要用合适的比例尺，花坛设计中施工平面图常用1：100的比例尺，即实地1m的大小在图纸上为1cm。对于一些种类复杂的，较小的细部可以用1：50、1：20或1：25的比例尺，以能清楚地表达为原则。

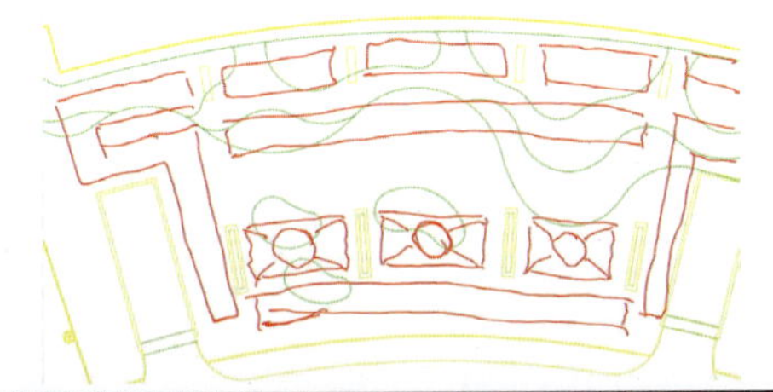

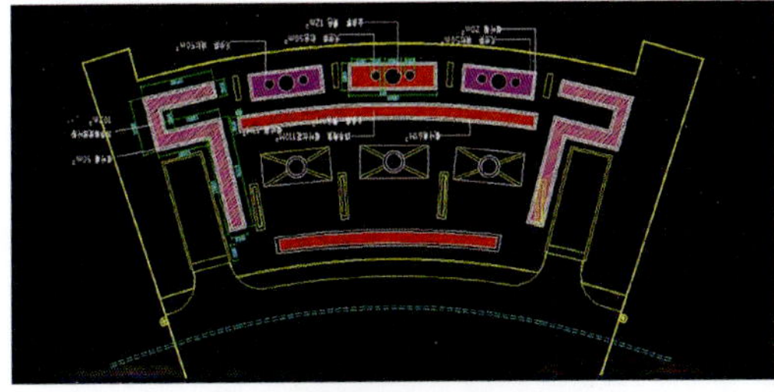

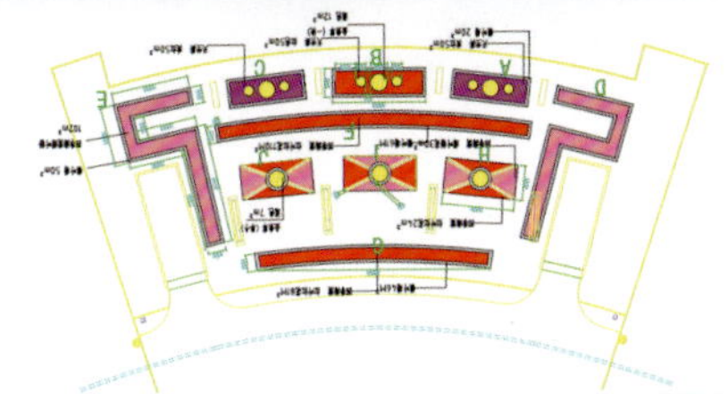

案例11：上海火车南站广场花坛的设计

图1 根据现场的地形和直线轮廓感强的人防设施和建筑痕迹，花坛外形采用矩形为主，与周边的直线呼应协调，并勾勒出草图。绿色线条为原花坛，红线为建议花坛

图2 结合现场的地形起伏，利用CAD制图软件，绘制具体的图形和图案，并得出具体的尺寸

图3 形成平面图并对整个花坛的每个区块编号，标出必要的信息

图4 花坛方案设计前的效果，图案类型非常随意，没有设计感，最主要的是图案与环境关系不协调

图5 按图纸施工完成后的花坛效果

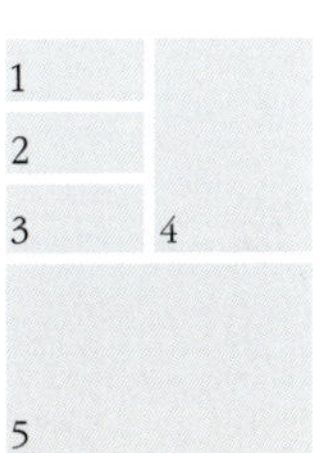

第三章

花坛的植物与选择

01 花坛植物与一、二年生花卉的概念

花坛植物简介

花坛植物是高度园艺化的专类植物名词，自1880年矮牵牛园艺品种的产生，开启了现代花卉产业。1923年，花坛植物成为现代花卉产业的重要板块之一，并不断持续发展。今天的花坛植物已广指除了传统观花的一、二年生花卉外，几乎包含“所有植物”。所谓的“所有植物”通常指那些在完全控制条件下育苗，消费者购买并继续生长的草本花卉，包括观赏番茄、草莓，甚至草本化的花灌木，泛指适合应用于庭院的花卉产品。本章重点讨论花坛应用的花卉主要指一、二年生花卉。

一、二年生花卉的概念

一、二年生花卉是指整个生活史在一个或两个生长周期内完成的草本观赏植物。如何从广博的植物界众多

一、二年生花卉品种展示

观赏蔬菜

香草类植物

观赏蔬果、草莓

草本化的月季产品

的花卉中界定一、二年生花卉，需要从以下两个层面来理解。

植物学层面

从自然界植物生命周期的角度来界定，并不是花卉产业实际应用的花卉材料。自然界存在着一年生草本植物，即植物的生命周期在一年内完成的植物。二年生草本植物，即植物的生命周期超过一年才能完成的植物。多年生草本植物，即植物的生命周期需要3年以上的草本植物。我国的花卉园艺学科发展相对较慢，特别是与花卉产业的联系不够紧密，常常将自然植物与园艺植物混为一谈，导致概念的混淆，不利于花卉产品的开发利用。

园艺学层面

按照植物的习性，从园艺品种的角度，也就是依据花卉产业中的实际应用进行界定。

一年生花卉通常指喜温暖、不耐寒的种类，宜在春暖气候播种，夏秋开花或初夏再次播种，生长至秋季开花，遇霜冻植株枯死的种类，俗称“春播秋花类”。常见的有一串红、夏堇、百日草、万寿菊等（图片详见本章第五节）。

二年生花卉通常指耐寒，尤其是需要低温春化的种类。常在秋季播种，小苗可以露地或保护地越冬，翌年早春开花，夏季高温、高湿植株枯死的种类，俗称“秋播春花类”，之所以称“二年生花卉”是跨越了年度而言。常见的有角堇、三色堇、金鱼草、雏菊、金盏菊等（图片详见本章第五节）。

现代花卉园艺中，追求的品种以生育期短或开花快，即早花性为主要育种目标。一年生花卉与二年生花卉的区别重点在于对低温春化的要求，敏感度越高的，便是二年生花卉。也就是说，二年生花卉的苗期需要低温春化，才能正常开花。其他对低温春化不敏感的种类则为一年生花卉。由于现代花卉产业中温室保护地的广泛应用，传统意义上的春播或秋播早被打破，这些传统说法主要基于中纬度地区，如我国的长江中下游地区。南方温暖地区这两类花卉的界线就不明显，但气候过于温暖的地区，无法满足低温春化生长条件（一般需要几周低于5℃的气温），二年生花卉就难以应用。北方较寒冷地区，冬季酷冷，小苗无法露地越冬，即便是二年生花卉也常在早春利用温室暖棚内播种，提供低温春化条件下育苗生长至春夏开花，当年的夏秋或冬季植株枯死。这种情况，花卉的生命周期并没有跨年，但需要提供低温春化才能正常开花的种类，还是称二年生花卉。

我们日常应用的花卉种类，基本上是园艺品种，不是自然界植物的直接利用，而是经过深度园艺化的，即通过育种技术开发的园艺品种，与花卉产业紧紧相扣。所有的园艺品种，园艺学层面上的一、二年生花卉都来自自然界的植物，经过了人为的园艺改良而成，其源头可能包含了3种类型的植物：一年生草本植物，二年生草本植物和多年生草本植物。我们在实际应用时更关注的是园艺层面的，而不在乎其原生植物的生命周期，就有了多年生草本作一、二年生栽培的描述，即关注其园艺栽培产品。

一、二年生花卉概念的解析告诉我们，花卉产业中的产品都是人为育种的园艺品种。因此，花坛植物种类的学习，了解植物的种类并不是我们应用的关注点，每个种类的园艺品种才是我们使用的花卉材料。现代花卉产业中花坛植物的新品种培育，产生的新优品种才是花卉企业竞争的核心。结合实际应用的需要，在众多的园艺品种中选择合适的品种是花坛植物应用的关键。

花坛植物品种的选择

花坛营建其实是花坛植物在花园中应用的技术手段，因此，花坛植物的选择是花坛营建的关键。花坛设计阶段已作了强调，但在花坛营建中，花卉的选择却是一个难点。成功的案例并不多见，各种植物选择的问题层出不穷，导致目前在花坛中应用的种类和品种非常有限，新品种的应用与拓展更是难上加难，无从下手。表面上看是设计人员对花卉了解不够，其实即便是花卉工作者也未必能正确地选择花坛植物的品种。究其原因，是将花卉植物种类的识别替代了花园植物园艺品种知识的了解和掌握。长期以来，强调了植物学的理论，而忽视了园艺学的知识，这样的花园植物认识观大大限制了花园植物，如花坛植物的发展。

花园植物的学习需要从3个维度全面掌握相关的知识，才能有效开展花卉植物品种开发、花卉产品的生产和花卉材料的花园应用。

花卉植物以识别为重心的学习方法，了解与掌握花卉种类的学习，是花卉植物学习的最基础的维度，属于植物学的范畴，即便要求掌握相应种类的习性和栽培要点，与我们实际应用的花卉品种仍然存在差异，有时差异很大。这种差异导致我们不能正确选择花园植物材料，仅在这个维度上，认识再多的植物也无法解决正确选择植物的问题。

花卉植物学习的第二个维度是植物的园艺品种，即在第一个维度的基础上，了解和掌握所选花卉种类的园艺品种。因为我们实际应用的都是园艺品种，即便是同一种类下不同的园艺品种，其习性和栽培要点也是不同的。因此，我们要掌握的是花卉园艺品种的特性，才能正确运用花卉植物。

花卉植物学习的第三个维度是花卉园艺品种的筛选技能，即从可能的花卉种类与品种资源中获取目标项目所需要的适生花卉的优质品种。只有这样才能既用对花卉植物，又能不断地开发和利用花坛植物的种类和新的品种，使花坛的植物不断优化和丰富。

孔雀草与画面右端的万寿菊是不同的种

鸡冠花‘和服’与画面右端的‘世纪’是同一个种的不同品种

丰富的矮牵牛品种，需要筛选出更好的品种，才能在实际中应用

Wave
Fantastic Flowers
Cultural
Research
Shock Wave
NEW

花园营建的工作者应该意识到花卉品种的选择“没有最好，只有更好”。品种选择是一项长期的、不间断的工作，需要掌握系统的花园植物选择技术，主要包括选择的途径、选择的资源和选择的方法。

选择的途径

第一步，设定所选花卉的景观需求，决定所选花卉的形态类型。花坛植物，可以选择株型圆整、花朵密集、开花整齐等花卉类型。第二步，按设定的目标花卉，即一、二年生花卉，根据选择地区的环境条件，筛选出适合本地生长、发育的适生种类（species）。即满足景观效果的适生花卉，作为花坛的花卉种类，这里主要指的是适生的一、二年生花卉种类。第三步，进一步筛选出适生种类的优良园艺品种（cultivars)，如四季秋海棠的优质园艺品种‘尤里卡’。优良的园艺品种才是我们用到花园中的植物材料。

花园花卉的选择，我们需要了解的基本知识和要掌握的基本技能：

植物的名称与种类：植物名称，除了有中文名称，全世界至今还是沿用了瑞典植物学家林奈（Carl Linnaeus）于1753年发表的双名法来命名所有的植物名称。即用两个拉丁词组成一个植物的名称，第一个以大写字母开头的属名，第二个为种加词，由此两个词组成植物种名，即植物的学名，用斜体书写。如藿香蓟（*Ageratum houstonianum*）。这就是我们现用的《国际植物命名法规》，这样的植物名称具有唯一性的优点，极大地方便了世界性的交流，而不会混淆。植物的种类，我们通常称的植物都是以种为单位的，种也是植物界分类的最小单位，每个具体的种是自然界存在的，没有人为干预的自然种。即植物界下有门、纲、目、科、属、种。我们称的牡丹、月季、矮牵牛、一串红、四季秋海棠等，都是植物界的一个种，至于其科属关系主要是植物学的范畴，花园营造工作者不必纠结。我们的关注点应该是这些种在当地的适生性，筛选出适生种（adapted plants）。即根据项目的类型和场地情况，包括气候因素，以及栽培能力，选择能正常

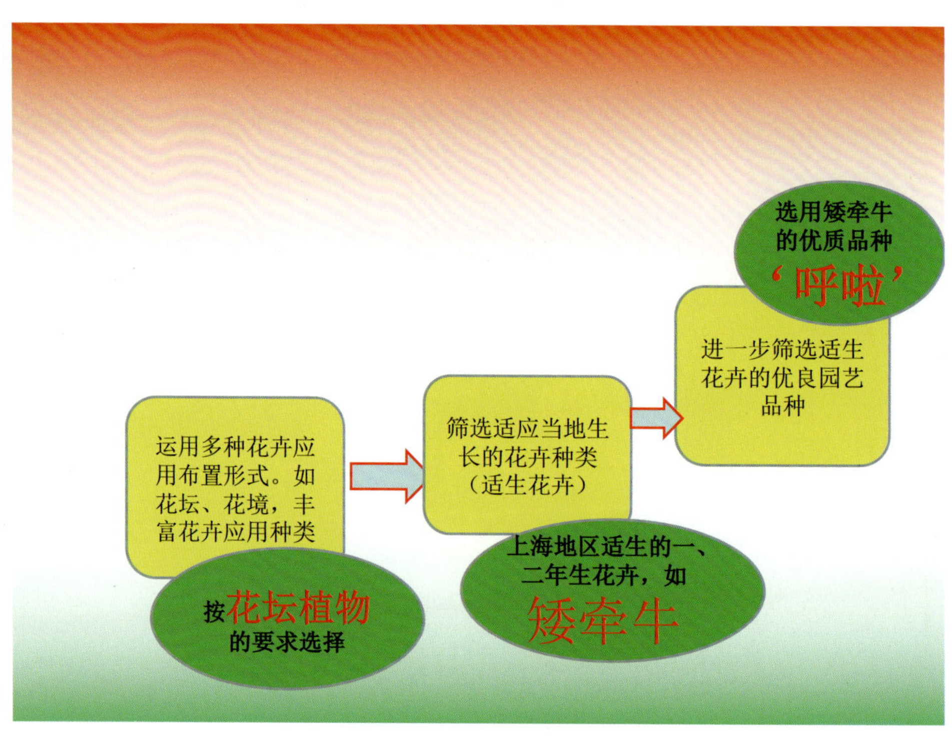

花园植物选择的技术途径（示意图）

藿香蓟丰富的品种，并不都适合花坛应用，需要选择

四季秋海棠的园艺品种‘Sprint White’明显早花

生长、发育的花卉种类。如花坛常用的矮牵牛（*Petunia* × *hybrida*）其实已经不是自然的种了，按英国皇家园艺学会的园林植物名录所述，矮牵牛由*P. axillaris*, *P. integrifolia* 等原种杂交而成，营建花坛时，我们并不在乎其原种是什么。花园的从业者应具备花卉景观的营造技能，现场场地的分析能力，了解当地的气候条件，包括土壤特性与花卉种类习性的匹配度。当然花卉种类的识别能力也是一项重要的基本功。

栽培品种：常称园艺品种，指通过人为干预，即育种家的工作，如杂交育种、人工选择育种或通过生物技术产生突变等方法，按人为的期望，包括观赏性和适应性的提高所产生的具有稳定的、可以遗传的新品种。花坛植物是开启这项技术的先锋，栽培品种最早产生于矮牵牛，特别是19世纪50年代，第一个F_1代杂交栽培品种也产生于矮牵牛，这标志着现代花卉产业的兴起与发展。由于栽培品种的迅速增长，栽培品种与自然产生的植物变种是完全不同的方向，用传统的自然变种名的命名法规来命名栽培品种名就不恰当了。因此，1959年《国际栽培植物命名法规》颁布。规定栽培植物的品种名，在种加词后用单引号内以大写字母开头的英文单词组成，用正体书写。如‘呼啦’矮牵牛*Petunia*× *hybrida* ‘Hurrah’。

花园植物景观营建中，包括花坛营建中所用的花卉材料基本上都是园艺品种，自然的原种直接利用的情况非常少见，不仅是因为自然资源的日益稀缺，而且原生种也难以适应人类活动的花园环境。园艺品种才是我们真正使用的花卉材料。因此，花卉的产业源头是育种，园艺品种的供应商，即花卉的育种公司和花坛植物的生产商。

选择的资源

国际著名的花卉育种公司

丰富的栽培品种和高质量的花卉产品是营造花坛景观的前提，前文提到了，选择花坛花卉材料，首先是确定其适生性，这是基于种类，而实际采用的是优质的栽培品种，我国的花卉育种，特别是商业育种资源是非常有限的，短期内是无法满足花园营造发展需求的。因此，遍布全球的花卉育种公司都可以成为我们的选择资源。了解世界花卉育种的动向，特别是那些著名的花卉育种公司的产品更新，尤其是花坛植物栽培品种的最新发展，对于花坛营造者，花坛设计师是非常必要的，所谓“巧妇难为无米之炊”。

先正达花卉的品种展示会

花坛植物育种的技术促进现代花卉产业的兴起和发展，以花卉商业育苗为标志，花卉种子公司（又称花卉育种公司）不断涌现。荷兰的Sluis & Groot（S & G）经过百年的发展成为今天的先正达花卉（Syngenta Flowers）。美国的泛美种子（Pan American Seeds），于1966年归入波尔集团（Ball）旗下花卉种子公司。拥有120年历史的日本坂田（Sakata）集团的花卉种子公司和德国的班纳利（Benary）花卉种子公司，都是当今世界上主流的花卉育种公司，他们的产品遍及全球。这些花卉育种公司主宰着花坛植物的市场，花坛植物业务板块发展迅速，各种大小的花卉种子公司也不断出现，市场竞争异常激烈，不仅仅是新优品种，产品开发的持续投入，全球市场网络布局等都成了竞争的焦点。种子公司之间合作与兼并异常活跃，p133上图为截至2009年全球主要花卉育种公司的活跃度，这种变化还在进行中。花坛植物自21世纪初开始的另一变化是无性系产品的大量涌现，由于产品更新快、品种性状优、产品价值高，因此，发展迅速。这些变化不仅出现在原来的花卉种子公司，同时，专门的无性系花卉的育种公司也活跃于花卉市场，如橙色多梦（Dümmen Orange）、喜莱达（Selecta）等。这些花卉育种公司每年举办各种新产品的介绍、推广活动。这是我们了解与选择花坛植物园艺品种的重要渠道。主要活动如下：

荷兰的花卉品种展示会

花卉品种展示会（Flower Trials)，每年的第24周，即6月中旬，有60多家花卉育种公司在荷兰同时展示他们最新的草本花卉品种，最主要的是花坛花卉，其次是少量的盆花、切花和宿根花卉。几乎涵盖了世界上所有的著名花卉育种公

泛美种子的品种展示会

班纳利花卉的品种展示会

坂田花卉的品种展示会

橙色多梦的品种展示会

喜莱达的品种展示会

截至2009年全球花卉种子育种公司的活跃度，并在不断变化中

syngenta
(Fischer)
Ball group
Takii
Sakata
(Sahin)
(Goldsmith)
(Daenfelt)
(Global)
Florensis
Kieft
Floranova
Hem
Benary
Bodger

司，在各自的场地，有的独此一家，有的几家合在一起。同时展出的好处有利于参观者能在一周时间内，看到尽可能多的新优品种，吸引着来自世界各地的花卉专业工作者。这样的展示会主要对专业人士开放，所有的公司都在Flower Trials的旗下共同参与，使得展示活动的组织更加高效，包括共享网上登记、注册、参加时实时的数据等；各家公司也会将其每年最新花卉品种在此推出，并准备了完备的资料，包括可口的免费午

荷兰花卉品种展示会现场

餐，专业而热情地介绍给每一位前来的参观者。

这项活动的前身是花卉的品种试验与展示会，即Pack Trials。展期在每年的4月下旬或5月初。因种植在特定的容器，称为“Pack”，类似大的穴盘连体塑料盆，除了新品种的推荐，更注重新品种的比较试验展示。约10年前，Pack Trials改为育种公司的内部展示，以产品开发为主，而对业内专业人士开放的展示推延到了6月中旬，名为花卉品种展示，即Flower Trials。始于2003年，由5家公司发起，很快发展到60多家，涵盖了世界所有著名的花卉育种商。起初的组织并没有法律约束，2014年，Fleuroselect 参与了主要的组织工作，2021年，Fleuroselect正式与Flower Trials合并，以会员制的形式开展活动，加强其新品种的推广，包括每年一次的最优品种“欧洲之星”的评比活动。这个改变的好处，一是原来Pack Trials的时间，大多数育种公司的客户，包括种植商、零售商和各地的经销商都非常忙碌而难以抽时间参与；二是许多宿根花卉和部分喜温暖的花卉到了6月也更有利于特性的展示。

美国加州春季花卉品种展示会

每年的4月初在美国加利福尼亚州，南起洛杉矶，一路往北至圣霍塞地区有40～50家的花卉育种公司同时展示各自当年的新优品种，类似荷兰的品种比较试验，但会涵盖相关的花卉产业链的内容，包括产品的市场营销，零售产品的展示以及室外的展示，全世界的专业从业人员可以通过网上预约，免费参观，是花坛植物行业的年度盛事。

德国埃森国际植物贸易展（IPM）

每年1月的最后一周，在德国小城埃森（Essen）举办的德国埃森国际植物、园艺技术、花卉及营销专业展览会（The

荷兰花卉展示会上丰富的花坛花卉园艺品种

四季秋海棠Pack容器内的花苗，进行筛选试验

矮牵牛Pack容器内的花苗，进行筛选试验

美国加利福尼亚州春季展示会现场

美国加利福尼亚州展示会的天竺葵、舞春花品种

International Trade Fair for Plants，简称IPM）是花卉业界规模最大、水平最高、最具影响力的国际观赏植物专业展会。展会的规模之大，实属空前，共分了12大展馆，1500家的展位，来自46个国家和联盟组织，这个综合性展会的最大亮点还是植物展品的比例高达70%以上，花坛植物作为主要板块之一，几乎所有的花卉知名育种公司都会同台亮相，类比米兰、巴黎时尚发布会，这里便成了花卉植物最新潮流的风向标。德国埃森IPM展会的闭幕晚会上的重头戏便是揭晓年度世界优秀花卉生产企业奖，这是由国际园艺生产者协会（International Association of Horticultural Producers，简称AIPH）组织的评奖活动，上海源怡种苗股份有限公司获得2016年度种苗类世界优秀企

德国IPM展会上的参展商

2016年IPM闭幕晚宴上国际园艺生产者协会（AIPH）组织的颁奖现场，获奖的三家种苗类企业分别来自荷兰、美国和中国

上海源怡种苗股份有限公司董事长钱海忠先生在2016年IPM闭幕晚宴的领奖现场，这是中国花坛花卉企业首次获得世界优秀花卉生产企业奖

2008年IPM在中国北京农业展览馆开幕现场

业铜奖，与荷兰、美国的获奖企业同台收获了这份荣誉，标志着我国的花坛花卉企业登上了世界花卉产业的舞台。随后，厦门爱悬园艺有限公司又一次获得了2023年度该奖项的种苗类铜奖和可持续发展银奖，为我国的花坛花卉企业深入了解世界花卉产业的现状，交流与学习世界花卉产业的先进技术迈出了有力的步伐，为实现我国花卉产业高质量发展，迈向世界花卉强国的目标打下了坚实的基础。

其实IPM早就进入中国市场了，于1998年开始的中国国际花卉园艺博览会，是中国花卉协会主办，每年的4～5月在上海、北京两地轮流举办的花卉园艺专业贸易展，就是由德国IPM与上海国际展览中心有限公司和北京长城国际展览有限公司承办，是目前中国花卉业内认可度最高的花卉产品专业展会。

我国花坛植物品种的应用与展示

我国拥有悠久的花卉园艺栽培史，花卉植物的园艺品种出现也比较早，至少千年，无数的历史文献均有记载，但主要集中在所谓“名花”上，如牡丹、芍药、山茶、杜鹃、兰花、菊花等。这些名花的品种多，但以奇取胜，追求稀有、珍贵的玩赏为主，大多出现在文人的诗文集中，以娱乐为目的。因此，草花为主体的花坛植物很少涉及，不会被追捧。这与我们上面叙述的园艺品种是基于花园应用为目的的商业行为，是完全不同的思考。我国花卉业内的实际现状是将两者混为一谈，严重阻碍了现代花卉园艺品种的正确认识和有效发展。

美国Ball花卉的产品目录是作者最早接触花坛植物，即一、二年生花卉的园艺品种，1982年作者正在美国研修花卉生产与管理。国内的一、二年生草花的大量引进是20世纪80年代中期开始的，其中包括了大量的园艺品种，上海植物园的王大均先生是这一领域的先驱，当时的草花品种引进已超过2000种，包括大量园艺品种。1987年上海植物园的荷兰花卉展览会使国人大开眼界，从业者开始意识到花卉的园艺品种不仅限于“名花”。这一时期的品种引进还是以奇特取胜，以欣赏为目的，推广、花园应用的商业目的非常微弱，花卉的理论并没有明确的区分。那个年代的花卉品种描述还是用植物学的变种、变型为主，俨然一本植物识别书。由于缺乏商业应用的意识，花卉品种的引进良莠不齐，甚至从国外的花店直接购买袋装花卉种子，无法专注国外专业花卉育种公司的产品。

20世纪90年代中期，作者开始了与欧美商业种子的业务联系，引进花坛植物的园艺品种为生产与推广提供技术服务。1997年开始，尝试花卉品种展示的推广模式。1999年4月，由上海风景园林学会组织，在新上海国际园艺公司举办了第一次的花坛植物品种展示，数以百计的园艺品种同时展出并对专业人士开放，引起很大的关注。随后，1999年5月1日开幕的昆明世界花卉园艺博览会上，上海教大花卉苗圃采用国外优质花卉种子生产的一、二年生花卉惊艳了那届花博会，引发全国花卉界对优质种子，即园艺品种的全新认识。

21世纪初，全球的大牌花卉育种公司纷纷进入中国市场，通过他们的代理商先后组织品种展示会。如泛美花卉种子、先正达花卉种子先后在大连、上海、四川成都等地举办花卉品种展示会。较早开展品种展示会的还有在上海和广州举办的维生种苗。虹越花卉在海宁也相继有花坛花卉的品种展示会，近年来，德国班纳利花卉在厦门和成都也非常活跃。经过了大约20年的摸索与发展，花卉品种展示会慢慢形成了我国花坛植物品种交流和信息发布的主要活动形式之一，产生了一些相对持久稳定的展示活动。目前我国最具代表性和影响力的是上海源怡种苗股份有限公司和北京花木公司的春季花卉品种展示会。花卉品种展示会与IPM中国国际花展同步，形成一南一北，分别在北京、上海轮回举办。展会的内容涵盖了世界所有品牌的花卉育种商的最新品种，吸引着全国的花坛植物从业者，受到全球顶级花卉育种商的高度重视，展示会成了业内人士关于花卉品种信息交流的固定活动之一，对于我国花坛

作者最早接触的商业种子公司目录：1981年版美国的Ball Pacific，最早业务联系的欧洲商业种子公司法国的Clause Seeds，以及改革开放后上海最早的荷兰花展参展商目录

1997年，法国Clause提供的品种，在上海苗圃内部展示试验

1999年4月，新上海国际园艺公司对外开放的国内最早的花坛植物品种展示会，各种矮牵牛品种

展示会上首次展示了天竺葵的品种

展示会上首次展示了角堇的品种

2004年大连西郊生物园举办的先正达花卉品种展示会

2004年大连西郊生物园展示会上的花卉品种

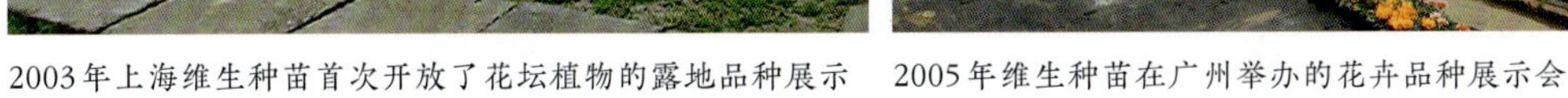

2003年上海维生种苗首次开放了花坛植物的露地品种展示

2005年维生种苗在广州举办的花卉品种展示会

虹越花卉在浙江海宁的花卉品种展示会

植物品种的推广起着非常重要的作用。这些展示活动均缘于欧美同类活动的启发，但规模超大，品种宣传的成分为主而有别于欧美的花卉品种展示会，特别是展示品种的技术方面仍存在较大的差距，国产自主品种的研发更需业界努力。

选择的方法

丰富的植物资源，这并不意味着我们就有丰富的花坛植物材料，特别是我国地域辽阔，有着不同的气候类

上海源怡是较早举办花卉品种展示的单位之一

2015年上海源怡品种展示会的室内盆栽展示

型和文化背景。一方面，现成的花坛植物的园艺品种，并不见得能适应每个地区。主要分布在欧美地区的花卉育种公司尽管培育出无数园艺品种，但与我国大部分地区的气候条件有着很大差异，导致我们能使用的种类和品种非常有限。另一方面，片面追求所谓乡土花卉，甚至野生植物的利用。其实绝大多数的野生、乡土植物对于我们城市生活的环境，既不适生，也不具太高的观赏性。无论是现代园艺品种，还是本地的原生植物资源，都需要按花坛植物的选择途径，选育出适合本地种类的优质园艺品种。这个选育的过程就是不断发现和优化花坛营建所需的

上海源怡品种展示会的露地品种展示

北京花木公司品种展示会的室内盆栽展示

花卉材料。各种盲目模仿、盲目引进、盲目开发不能解决花坛植物材料贫乏的问题。另一个极端是选择新的种类或品种时仅凭有限的个人经验或来自专家的建议。以上种种都不是正确的选择新优花卉种类和品种的方法。为了获得可靠的答案，只有通过科学的试验。根据花坛景观对植物材料的基本要求，建立科学的试验方案才是正确的选择方法。不仅能选择到符合地方特色的优质花卉种类和品种，而且能持续优化花卉品种的特质，并不断开发出新颖的花卉园艺品

北京花木公司品种展示会的露地品种展示

北京花木公司展示品种中有一串红‘奥运圣火’等国产自主品牌的花卉品种

种。因此，花卉种类与品种的筛选是一项持续不断的工作。花坛植物筛选试验的基本方法包括以下技术要点：

首先，设定试验的目的。

试验目的，即我们通过试验希望得到的答案，我们有什么疑惑；或希望选择花卉的适生性，如是否耐寒、耐热、抗病性；或希望选择花卉的观赏性，如花期、花色、株型等。试验目的的设定必须明确，易于观察和衡量，每个试验的目的不宜设得过多，通常需要有个特定的对照品种。

品种展示技术：同一品种不同苗期的比较和不同品种间的差异比较，如早花性，一目了然

其次，制定试验方案。

试验方案根据试验目的，可以分为温室盆栽试验和露地地栽试验。具体的试验方案应该包含以下内容：

试验场地：收集气象资料，包含气温、降雨和日照等；

试验内容：试验品种和对照品种的名称、样本数量和来源；

试验时间：根据试验目的，安排合适的时间；

试验测试、观察的内容和方法：这是试验的核心技术，需要针对试验目的来制定。

试验的影响因子：罗列哪些可能影响试验结果的因子，做好控制和预案。

最后，展示试验结果。

通过数据、图表和照片展示符合逻辑的并有帮助的试验结论。花坛植物的选择，主要是一、二年生花卉的选择，其特点：需要通过温室盆栽或露地地栽试验；试验的周期比较短。试验常规内容包括客观数据和主观判断两类：客观数据如植物的物候观测，即萌芽、展叶、生长、初花、盛花、末花、枯叶、休眠等，按实际发生的日期记录即可。可以得出花期的长短、绿叶期的长短、是否耐寒等结论，常用于花卉的适应性选择。主观判断如花朵质量、株型质量、生长势强弱、分枝性强弱、抗病性、综合特性等，一般不易用实际的数据来表示，只能通过比较判断来得出结论，常用于观赏性选择。

客观数据的记录，可以直接用图表的形式展示，比较好理解和处理，只要能尽可能表达清楚试验结果就可以，不拘一格。而主观判断，为了能有效地展示和客观地反映试验结果，常用1～5分制的判断打分的方法，即对某个试验观察性状，如花朵质量，3分为被观察的对象群中的平均水平，4分为比平均水平略好些，5分是非常出色；相反比平均水平略弱些为2分，特别差的为1分。这种方法是在试验对象群内的排序，并数据化。评估排序打分的次数，通常每1～3周一次，当然次数越多，精度越高。展示试验结果的最直观的手段就是照片，各个关键阶段的照片记录是呈现试验结果的有效方法。

案例12：花卉品种试验场地与展示

图1 Benary露地筛选试验场地：试验场地要求开阔，阳光充足，地势平坦，土壤等环境条件一致性强；样本安排两条，便于观察，展示

图2 上海源怡种苗的露地试验场地

图3 室内品种展示，不同苗期的对应的品种比较展示，试验内容与展示效果兼顾

图4 上海源怡的室内品种展示

案例13：花卉试验方法

图5 试验的样本数量、种植密度、场地条件一致，便于观察品种差异

图6 四季秋海棠品种的早花性、分枝性、紧凑性等差异比较展示

图7 矮牵牛的三个蓝色花品种的比较试验

图8 一串红三个品种的差异比较试验

1	2
3	4
5	6
7	8

1

2 3 4

5 6 7

案例14：花卉摘心试验展示

图1 ‘无限阳光’向日葵品种摘心试验展示，由左至右分别为不摘心、留2对叶、留3对叶、留4对叶

图2 不摘心的株型

图3 不摘心的植株花蕾少

图4 不摘心的开花效果

图5 留4对叶摘心的株型

图6 留4对叶摘心的植株花蕾多

图7 留4对叶摘心的开花效果

02 现代花卉育苗技术

一、二年生花卉的传统育苗技术

直到20世纪90年代，我国草花育苗方式仍然以传统的播种育苗为主。其特点与方法如下。

传统播种繁殖的特点

没有专业的种子生产，采用苗圃自行筛选、留种并采收种子，用作育苗生产。因此，种子的质量良莠不齐，更谈不上品种质量的优化和推广了。

播种繁殖对自然的气候条件依赖性强，因此，播种繁殖的季节性非常明显，主要以春播或秋播为主。因此，比较受时间的限制。

播种繁殖的种类多，但数量少，生产的草花以自用为主，没有市场交易。因此，每个较大的公园都有自己的花圃为公园提供所需的花苗，通过计划附带为同城的其他小公园提供花苗。

传统播种繁殖的方法

露地播种繁殖技术：传统草花生产苗圃是露地栽培为主的，包括播种繁

传统的露地播种繁殖育苗

播种用浅塌盆，盆径30cm，盆高10cm

殖。苗圃的露地生产区域会划出一个繁殖区域，用来繁殖花圃生产的小苗。草花的播种繁殖就在露地作床，直接播种，育苗。露地苗床播种繁殖的方法是草花育苗的主要方法。这种方法由于不可控因子太多，育苗成功的风险太大，种子的利用率太低，已不适应当代花园建设的需要，应该及时淘汰。

浅塌盆播种繁殖技术：传统花卉生产管理中，对于温室花卉的播种繁殖方法。由于温室花卉的种子来源少，种子发芽困难的，需要提高种子的利用率，常采用浅塌盆播种繁殖的方法。这种方法比起露地苗床播种繁殖有了诸多提升，如在温室内进行，可以对气候条件有一定的控制和调节；精心配制的播种土壤，更有利于种子发芽；精细的播种管理，大大提高了种子的利用率。

育苗盘播种繁殖技术：20世纪90年代中期，随着优质花卉种子的引进，高额的种子成本促使育苗公司设法提高种子的利用率。受浅塌盆播种繁殖的启发，开发了塑料盘，后称育苗盘的播种繁殖法。这种方法吸取浅塌盆播种育苗的优点，如可以在温室或大棚等保护地内育苗，对环境条件有一定的控制能力；可精心配制播种培养土，包括土壤消毒、土壤粗细的分层；可采用盆底吸

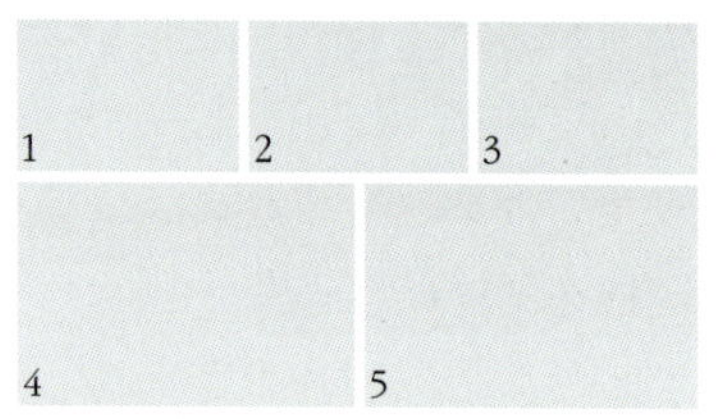

案例15：育苗盘播种繁殖技术

图1 育苗盘底层放置粗粒园土

图2 填放配制好的播种培养土，保持表土平整，以待播种

图3 种子萌芽前，覆盖玻璃保湿

图4 种子萌芽后的小苗

图5 萌芽的小苗需经过一次秧苗（移植），保持均匀整齐

水法和盖玻璃等水分控制的管理方法，以及秧苗移植技术等。由于这种方法既能提高种子的利用率，并提供质量较好的种苗，又不需要投入设备，而被草花生产苗圃普遍接受，直至今日。

花坛花卉现代化育苗技术：穴盘苗

穴盘苗生产是现代花卉育苗技术发展的产物，现代花卉园艺的重要标志。由于其技术要求严、设备投资高、规模生产大等因素，这项生产必须是专业化的，它也是花卉育苗生产的方向。专业花卉育苗生产应该提供高质量的种苗。即种苗大小均匀，整齐一致；株型紧凑，不徒长；植株生长健壮；根系正常；无病虫害。

草花生产者采用穴盘苗能降低自己播种出苗率的风险；使得生产更加容易；保证生产计划的按时完成；有助于缩短生产周期，得到整齐、健康的成品花。

花卉种子及其选用

优质的种子是花卉（种子类）育苗生产成功的前提。花卉生产性育苗必须采用专业生产的商业种子， 不得使用未经专业生产（来源不明）的种子或自行采收的种子。花卉种子生产是一项技术含量很高的花卉生产，主要生产F_1代杂交园艺品种、园艺杂交品种、四倍体园艺品种和部分常规种子。

花卉种子的大小

花卉种子的常用计量单位是克（g）、千克（kg）、粒（sds)。花卉种子因种类不同而有大小之别，种子大小按每克粒数分成以下几类：

（1）大粒种子：每克在100粒以内的种子。如紫茉莉。

（2）中粒种子：每克100 ~ 1000粒的种子。如石竹类。

（3）小粒种子：每克1000 ~ 8000粒的种子。如矮牵牛。

（4）细小粒种子：每克8000粒以上的种子。如四季秋海棠。

花卉种子的清洁与包装

种子采收后整株或连壳在通风处阴干，去杂、去壳、清除各种附着物，再经种子外形质量检验。常用风选、色选和粒选等方法。

健康的四季秋海棠的穴盘苗

（1）风选：利用各种花卉种子的重量，通过风力将优质种子和劣质种子包括一些杂物分开。传统花卉栽培用竹编簸箕人工进行，现代种子生产有专门的分选种子的风车。

（2）色选：利用各种花卉种子的色质，经过一个摄像探头和电脑内的正常种子的色质比对后选择。

（3）粒选：利用各种花卉的正常种子的大小、形状，经过专门设计的筛子将符合标准的种子选出。

花卉种子的质量

优质种子是指种子的种性纯度高、发芽率高、发芽势强的种子。种子的种性纯度是指种子的品种特性的一致性，如花色、株型、花朵质量等品种性状的一致性，一般要求纯度在99.99%，这对于专业草花生产非常重要，只有专业生产的商业用种子才能做到。种子的发芽率常用百粒种子发芽的粒数来表示，如芽率为86%，即表示100粒种子在标准的发芽条件能产生86棵正常健康的小苗，发芽不完整的非正常苗和未发芽的种子不能计入发芽率。发芽势则是种子发芽的整齐度，发芽整齐度越高，发芽势越强。即发芽的时间短而集中则为发芽势强；时间长而分散则为发芽势弱。如同样品种的两个批次的种子，其最终发芽率都达到86%，但达到86%发芽率所用的时间分别是7天和14天，则时间短的批次发芽势强。种子质量是现代园艺生产的竞争核心，世界上各大种子公司，为了提高种子的质量，不满足于自然种子的质量，通过各种技术加工，不断提高种子的质量，形成了许多种子的加工产品，这些种子的产品类型如下：

（1）原型种子（raw seed）：种子采收后，除清洁外未经其他加工的种子。

（2）整洁型种子（detailed seed）：种子采收后，经加工处理，使种子清洁并更有利于播种操作。常见的如除去菊科花卉种子的冠毛。

（3）丸粒型种子（pelleted seed）：常在特别细小的花卉种子外面黏合一层泥土之类的物质，改变种子形状，种子颗粒增大便于播种操作。

（4）包衣型种子（coated seed）：常在种子的表面涂上一层杀菌剂或普通的润滑剂，一般不改变种子的形状。种子更清洁，同时又可使种皮软化，和防止小苗生长过程中病菌的侵害，有助于播种机械的操作。

（5）经催芽处理的种子（primed seed）：在一定的温度条件下，经化学物质或水的催芽处理成胚根萌动状态的种子。大大提高了种子的发芽率和出苗整齐度，但种子的保存时间短。

种子质量是种苗生产计划的重要依据，种子质量的检验是一项非常专业的工作，需要一定的仪器和设备以及测试人员的培训。这也只能满足一般的生产需要，真正的质量检验需要通过公认的权威性的测试机构才能完成具有法律效应的种子检验报告，如ISTA是国际公认的种子测试机构（表3-1）。因此，现代花卉种苗生产必须采用信誉良好的专业种子公司提供的商业种子。种子的质量才有保证，以降低风险。

表3-1 花卉种子测试报告的主要内容

中文名	编号	测试日期	第一次统计	最后统计	温度（℃）	重复	测试数量（粒）	第一次统计（株）	最后统计（株）	发芽率（%）	发芽势（%）	平均发芽率（%）
矮牵牛	LE1705	11/23	11/28	12/2	20	①	100	85	5	90	85	90.5
		11/23	11/28	12/2		②	100	84	7	91	84	
半边莲	LE1706	11/23	11/28	12/2	20	①	100	84	4	88	84	88.5
		11/23	11/28	12/2		②	100	83	6	89	83	

万寿菊原型种子

万寿菊去尾种子

万寿菊包衣型种子

香雪球原型种子

香雪球丸粒型种子

生产中需要注意的是，种子活力是指在一系列情况下的发芽能力。商业种子提供的发芽率报告是指在实验室条件下，即最佳的发芽条件下种子的发芽潜力，如98%，但实际生产的环境和操作过程中生产者不能完全控制种子发芽要求的所有因素（温度、湿度、光照、氧气），这样实际情况下的发芽率也许会是75%。生产者可以控制的发芽因素越多，种子的实际发芽率就越接近种子的发芽能力。因此，种苗生产配备人工控制条件的发芽室是非常必要的，其控制能力至关重要。

花卉种子的贮藏

花卉种子是有生命的产品，其寿命一般为1～3年。花卉育苗必须采用新鲜种子。花卉种子的包装必须做到清洁、计量准确、真空密闭、防潮防湿，这项工作也是专业性的，直接影响贮藏种子的质量。花卉种子的贮藏条件：干燥、密闭、低温、阴暗。少量的种子可放在家用冰箱内。大量的花卉种子应贮藏在专门的冷库内，温度为5～10℃，最高为14℃；湿度为20%～40%，而且每半年需将库存种子进行发芽率测试，保证种子的质量。

冷藏室对种子的保存起到很好的作用，但使用冷藏室的种子需要遵循以下原则：提前一天将带着包装的种子放到播种操作的环境温度中，如果从冷藏室取出即打开包装，低温种子表面对空气水分的冷凝作用会提高包装袋内的湿度，这可能会降低剩余种子的发芽率。拿出来的种子需要尽快完成播种过程，避免其他因素影响种子的发芽率。如果种子不能一次用完，应该立即封好袋子，放回冷藏室继续保存。

采用专业配制的基质

良好的土壤基质是花卉育苗生产成功的基础

传统播种繁殖时人们以自行配制的播种土壤（基质）进行育苗，而现代化的育苗生产要求采用专业公司配制的

专业种子公司的种子冷藏室

基质，选用专门的播种基质。只有专业配制的基质能够做到材料混合均匀，成分稳定并提供详细的成分组成和相应的指标数据，包括pH值、EC值和肥料元素（每个产品的包装袋上都有）。用于生产的基质必须经过测试（pH值、EC值和肥料元素），生产前了解基质的特性是必要的。在播种前了解基质的组成和必要的化学元素指标。如育苗一般要求起初的EC值为0.75mS/cm；pH值为5.5～6.5；无病菌。其他的养分指标也是小苗生长过程中施肥的必要依据。因此专业的育苗生产是不建议自行配制播种基质。

育苗用基质应能保持良好的结构

育苗用基质的湿度保持是种子发芽和小苗生长的关键。保持育苗用基质良好的湿度是指基质应有良好的结构。即育苗用基质能提供种子发芽的水分，同时又能保持一定的通气性，一个可以让根系正常发挥功能的环境。良好的播种基质的结构，其主要物理特性为湿度60%～75%；有机质含量80%～90%；基质容重每100～125kg/m^3；体积变化小于30%；空隙度16%～25%；持水量（可利用水）25%～35%。简易的手感判断可以把基质用手抓握后没有明显的水流出，基质同时保持黏合状（不松散）。在我国绝大多数育苗场基质持水量太高，水分过多是很难改善的，只有通过改善育苗基质的结构才有利于育苗的水分管理。珍珠岩是改善基质结构的常用材料，通常珍珠岩在育苗用基质中的比例应在10%以上。

区分覆盖用基质和发芽用基质

通俗地讲就是播种用的土壤和播种后覆盖用的土壤是不同的，上面介绍的是播种用的土壤（基质）。播种后，根据种子的类型和花卉品种的特性，有些不需要覆盖，如种子特别细小的种类，四季秋海棠、半边莲等；有些是发芽过程需要光照的种类，如金鱼草等。多数的品种播种后需要覆盖，区分覆盖的土壤（基质）与下面的育苗土壤（基质）是必要的。常用各类粗细不同的蛭石类基质来覆盖。良好的覆盖土壤（基质）能保持种子周边的湿度足够大，以便种子能顺利发芽；保护与保持下面育苗土壤（基质）结构的稳定，如避免土壤（基质）表层板结或产生青苔等不利于种子发芽的状况。

穴盘及其类型

穴盘是现代化育苗用的标志性育苗容器（传统的苗圃不建议直接采用，穴盘的合理使用应有相应的设施配套），即由许多穴孔组成的育苗用容器。穴盘的材料有塑料和聚苯乙烯泡沫两种，其大小（外围尺寸）有一定规格，塑料穴盘通常54cm×28cm，但每个穴盘的穴孔数不一样，分为72孔、128孔、200孔、288孔和512孔等。即穴孔数越多，每个穴孔的容积越小。当然穴孔深浅、穴孔结构都在不断地发展。除了选择耐用的材料外，就目前我

播种的基质（左边）和覆盖的基质（右边）

各种规格的穴盘

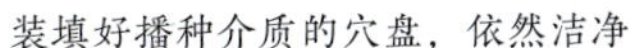
装填好播种介质的穴盘，依然洁净

种子发芽室必须保持充分的湿度、合适的温度和良好的空气流通

国的育苗生产来讲，穴孔数是主要考虑的因素，即要正确选用大小适宜的穴孔。一般对于育苗周期长的，育苗较难的，小苗价值较高的宜采用较大穴孔的穴盘；反之育苗周期短的，育苗较易的，小苗价值较低的宜采用较小穴孔的穴盘。72 孔的穴盘可用于移植大苗用，如仙客来；128孔的穴盘可用于须补苗，或用于生产苗龄较长、较大的苗；200孔或288孔的穴盘可用于普通草花。

穴盘育苗技术要点

播种

播种前首先要准备装填好播种基质的穴盘，即装填的基质要均匀、性状一致、松紧度合适，确保每个穴孔都已填充并压平，基质表面需压个洞以确保种子播在中央；除去多余的基质以保持穴盘表面清洁；保持充分湿润状的基质有利于出苗后的水分管理。要注意根据各种不同的播种设备的特点来控制。完全自动播种机操作时需要随时检查设备的工作状态，保证其正常运转。半自动或人工操作的需要注意工作的连续性，如湿润的基质不及时使用，需要保持湿润等。注意播种机的播种速度，以免覆盖不当影响出苗率。

计算好种子的用量以及了解种子的类型。对种子的发芽率必须清楚，老的库存种子必须在播种前进行测试。根据订单的大小、成苗的数量来确定用种数量。每穴播种的数量，通常是每穴1粒，也有每穴2粒，如种子比较小的种类，如四季秋海棠等，或种子发芽率较低的种类，如美女樱等。有些多年生草本的种子发芽率较低，会采用每穴多粒播种的方法。

根据育苗期限安排好播种时间。不同的种类其育苗期限是不同的，如四季秋海棠60天、矮牵牛40天、万寿菊20天、三色堇45天、仙客来90天。影响育苗期限的因素很多，品种的不同，季节的不同，地区的不同等。专业的种苗生产商必须了解每个生产种类在一年中不同时期的育苗期限，这样才能安排好播种时间。

发芽

发芽室能提供种子良好发芽所要求的湿度，通常为接近100%。发芽室的温度因种类不同而不同，但需要提供稳定的温度，并保持良好的空气流通，也能保证温度和湿度的均匀。某些花卉种子发芽需要光照，因此在发芽室会有提供光照的设施，作者认为这点可以忽略，因为发芽室内的小苗安放在层架上，一般灯光难以提供均匀的光照，尤其这样引起偏光，导致小苗不整齐，还不如掌握好发芽状态，及时移入温室，接受自然光照，正常生长。

注意不是有了发芽室就每次必用，如当外界（温室内）的温度较易调节到种子所需的发芽温度时，就不必用发芽室，温室内更易管理。

生长

专业的种苗生产是按4个阶段来进行管理的，要点如下：

第一阶段（播种至胚根长出）：及时将发芽的小苗移出发芽室是本阶段的技术关键。种子一旦萌芽，需要立刻从发芽室内移到温室生长，任何的拖延都会影响小苗的质量，尤其是徒长。最有效的方法是仔细观察，发芽前夕，每天至少观察一次。常常因为马虎而耽搁一天便会造成难以弥补的损失。穴盘移动（改变环境时）如移出发芽室，移入炼苗温室，包装时，均在傍晚或早晨进行。由于环境的差异，有时可以通过覆盖来过渡，提高成苗率和苗的质量。常用的覆盖材料有塑料薄膜和无纺布。在夏季气温高于25℃时，或出苗期长的种类，建议用无纺布覆盖，方法是采用较薄的无纺布直接覆盖在穴盘上。无纺布可以防止高温的直接危害，降低温差的不利因素，透气保湿，保证种子周边有空气，可以直接浇水满足水分的需求。在气温低于25℃时，特别是冬季，可以用塑料薄膜直接覆盖，维持在出苗以前不须再浇水。塑料薄膜的拱棚，易保温保湿，但温差较大，不利控制，易产生徒长苗。覆盖物在真叶展开后即可去除。

水分管理：保持基质充分湿润。灌溉用水须清洁、性状稳定（取水的水源要稳定），建议用雨水。供水要求充分，但尽量多次少量。注意太多的水分会封死表土，如出现青苔等，这样小苗会因得不到空气而停止生长。

肥料管理可以结合水分管理，避免浇灌清水，每次都浇肥料水。通过控制基质中的EC值，初期保持基质中的EC值为0.75mS/cm。基质的测试是必要的。基质测试一般做3次：分别于播种前，第三阶段施肥前和出圃前。

第二阶段（子叶展开）：提供足够的肥料，保持健壮的小苗是本阶段的技术关键。水肥管理要控制湿度，防止出现青苔，尤其在低温的季节。肥料管理保持基质中的EC值为1.0mS/cm以上，同时注意pH值的控制。如基质中的EC值较低，就要开始施肥了，这点对于小苗生长质量非常重要。基质EC值越高，小苗越健壮。不同的种类，对肥料的要求不同。可以通过试验逐步提高EC值，直至出现烧苗时的峰值EC值，取峰值的75%，应该是该

无纺布覆盖在穴盘上可以透气保湿，防止高温危害

处于第二阶段的一串红种苗

四季秋海棠的种苗

准备出圃发货的天竺葵种苗

品种的最佳EC值。只有通过试验，才能确定所生产的小苗实际需要的EC值。使用的肥料种类很多，如四季秋海棠、美女樱、仙客来等常用20-10-20；三色堇和万寿菊常用15-0-15 或5-11-26等。

第三阶段（第一片真叶展开）：降低生长的温度，及时炼苗是本阶段的技术关键，特别是早晨的温度要低，同时除去遮阴物，提供较多的光照有助于防止徒长。对矮牵牛而言，可以移至温度较低（16℃）的温室（区域），有些冷凉型的花卉只要12℃。也就是说提前进入炼苗阶段，只要有可能，可以尽量提前进入炼苗阶段，有助于防止徒长，提高苗的质量。

本阶段水分管理的关键是促进根系生长，通过干湿交替的方法，诱导根系生长。浇水需要观察天气和基质的水分情况进行。防止浇水过多而难以及时排水导致根系生长缓慢、产生病虫害等。因此建议不要一次浇水过量，除非在晴热的早晨；下午和傍晚补水一定要控制水量。当对天气没有把握时，尽量先根据需要人工补水，只有当有把握时才使用水车喷淋灌水。人工补水时，注意避免用喷头直接冲向小苗，建议采用喷头斜向朝上的方法。

肥料管理：基质中的EC值为1.5～2.0mS/cm，本阶段可以施肥，在施肥前需要对基质测试一次，因为播种前的测试经过几天的生长可能有变化。然后决定施肥。如矮牵牛可以用20-10-20；而三色堇还用5-11-26+铁，即钾要高些；氨态氮要低；钙和硝态氮要高。

第四阶段（炼苗期）：本阶段的目的是提供健壮的种苗，主要的任务是防止徒长。栽培措施上可以通过提供较低的气温（16℃左右），即在早晨日出前保持较低的温度（这时的植株最易生长）可以有效地控制徒长。这一阶段温室要保持较多的光照，温室内白天补光到4000lx以上；水分控制，防止过湿，每天保持只供水一次；肥料管理主要是减少氮肥，增加钾肥，如常用5-11-26和15-0-15。必要时可使用植物生长调节剂。常用 B_9 2000～3000mg/L；第2次可用B_9加CCC混合使用。

准备出圃发货的种苗应注意水分管理，即基质水分要足，保持叶面干燥；保持肥料充足。种苗栽培过程中的病虫害防治主要是保持环境清洁，如及时除去杂草等，杜绝病虫害源等。但出圃前的种苗可以喷一次杀菌剂，如达科宁（百菌清）、灭蝇胺，早晨或晚上进行，来预防病虫害。

03 一、二年生花卉的生产管理

一、二年生花卉栽培质量的评价

（1）株型紧凑，基部分枝多而强健，具有粗壮的茎秆，不徒长。

（2）植株具有含苞欲放的花蕾，开花及时，应用于绿地时能体现最佳效果。

（3）植株的标准化、整齐度高，如株型、株高、花色、花期等的一致性。

（4）根系生长良好，货架上能维持较佳效果的时间长度。

（5）生长周期短。

（6）植株无病虫害。

草花的栽培质量标准是我们采取栽培措施的依据。影响花卉生长的环境因子主要有气候、光照、温度、水分和养分，如何通过调节与控制，提供良好的环境条件，最大程度地满足花卉生长的需要是我们生产过程中的主要工作。即便是现代园艺技术也没能提供完全满意的环境条件，而是结合技术能力、对植物生长影响的程度以及综合的成本考虑，采取最优化的栽培措施，进而生产出符合草花质量标准的产品才是科学的草花生产管理方法。

一、二年生花卉生产管理技术要点

生产苗圃的用地

首先根据市场需要，确定生产品种、数量、规格。生产场地也制约着生产量。品种不同对产地环境要求不同，

优质的天竺葵盆花

右边株型较差的苗；左边株型较好的苗

整齐一致的天竺葵盆栽生产苗圃

天竺葵生产的每个阶段都体现一致性

有的要冬季加温，有的需要夏季降温。盆花的株行距是计算生产用地大小的依据，盆花生产和生长过程中必须保持适合的株行距。参考标准见表3-2。

表3-2 依株行距推算的每百平方米花卉种植株数

株

株行距（cm）	5	10	12.5	15	20	25	30	35	40	45	50	60
5	40000	20000	16000	13320	10000	8000	6660	5700	5000	4440	4000	3330
10	20000	10000	8000	6660	5000	4000	3330	2850	2500	2220	2000	1665
12.5	16000	8000	6400	5330	4000	3200	2664	2280	2000	1776	1600	1332
15	13320	6660	5330	4440	3330	2665	2220	1898	1665	1480	1332	1110
20	10000	5000	4000	3330	2500	2000	1665	1425	1250	1110	1000	832
25	8000	4000	3200	2665	2000	1665	1332	1140	1000	888	800	666
30	6660	3330	2664	2220	1665	1332	1110	949	832	740	666	555
35	5700	2850	2280	1898	1425	1110	949	812	712	633	570	475
40	5000	2500	2000	1665	1250	949	832	712	625	555	500	416
45	4440	2220	1776	1480	1110	832	740	633	555	493	444	370
50	4000	2000	1600	1332	1000	740	666	570	500	444	400	333
60	3330	1665	1332	1110	832	666	555	475	416	370	333	278

盆花生产所需种植面积的计算公式：

$$\text{生产株（盆）数}=\frac{\text{所需面积}-\text{道路面积}}{100}\times\text{理论值}$$

保持适当的盆距是优质万寿菊生产的关键技术

从密集摆放的苗床内抽出的苗，株型差异大

万寿菊苗盆放置过密，严重影响株型

摆放过密的天竺葵，苗期就出现基部叶片黄化，易染病，影响分枝性

保持适当盆距非常重要，尤其像生产天竺葵这样的喜光花卉

矮牵牛苗盆密集摆放，看似粉红一片，但花苗质量难以保证

草花苗圃用地的错误往往是放置过密，导致花苗拥挤，花苗生长不均匀，株型变差，如大小苗、基部分枝少等，无法保证花苗的产品质量。

其次是保持生产苗圃用地的整洁与平整，这是草花生产最廉价的投入。平整的场地是草花生长均匀的基本要求，整洁的地膜覆盖有助于防止病虫害和杂草的侵扰。这是许多生产商最容易忽视的环节。建立苗圃的初期，基于压缩成本考虑，在生产场地上减少必要的投资，结果适得其反。如直接在杂草丛生、带病菌的土壤上放置生产的盆花，会给后期的养护带来很多麻烦。

摆放拥挤的矮牵牛，株型不良

矮牵牛生产保持适当盆距

采用优质的种苗

现代花卉生产的标志之一是种苗生产的专业化，花卉生产苗圃需要按生产计划订购优质的种苗，包括种苗的品种、数量、规格和提供的时间。

采用良好的栽培基质

传统草花生产是采用自然的大田园土作为栽培基质，随着城市化的推进，许多苗圃已经很少有自然园土资源

保持良好株型的矮牵牛种植后形成整齐的效果

未经整平的场地，直接摆放盆花，杂草、病菌无法控制，覆盖地膜生产质量难以保障

草花盆栽的苗床需要整平，铺上优质地膜，保持环境整洁，生产质量有保障

花苗地上部分枝叶的生长与根系的质量关系密切，中间的白色根系生长旺盛，枝叶健康；右边的其次，左边最差

了，未经改良的园土也很难满足植物生长的要求。土壤对花苗生长的影响是非常直接的，不良的土壤，如僵硬的黏土，常带各种病菌，极易导致植物根系无法正常生长，产生弱苗或直接染病死亡，再好的水肥方案也起不了作用。使用良好的基质，加入有机物质，如泥炭或椰糠等，改善土壤的物理结构，并力求园艺无毒，保证根系健壮生长。良好的基质可以有效地调节和控制水肥管理，这也是草花栽培控制中效果最明显的因素。

使用不良的土壤，轻者由于土质不均匀，导致花苗生长大小不一

不良的土壤常带有病菌，使花苗染病

使用不良土壤栽培，严重时花苗全军覆没

易染病的长春花，采用了良好的土壤，花苗生长整齐健壮

草花生产中的施肥管理

传统栽培中，花卉施肥是通过选用肥沃的土壤，加上施用大量有机肥来完成的。栽培过程中，常出现肥料缺乏或肥料过多而不易把握。现代花卉栽培中，更多地采用化学肥料，元素成分清楚，以液肥形式通过灌溉水施入土壤，供植株吸收；施肥先经过测试，包括pH值、EC值和养分状态，然后制定施肥方案。通常土壤pH值为5.5～6.5。通过灌溉水施速效性肥料。施肥浓度为100～250mg/L。在土壤或基质中掺入迟效性肥料，迟效性肥料也可在花卉种植后撒在土壤表面。合理的施肥是根据栽培用水和土壤状况结合花卉的种类、生长阶段来确定施肥种类和施肥量。这样做仅用复合肥料是无法满足需要的，特别是微量元素。因此目前较先进的方法是用单一的肥料根据要求配制成花卉所需的肥料，通常需要用称为A罐和B罐的施肥装置来实现的。整个过程也必须通过专业的实验咨询机构才能完成。其基本步骤可以通过下面的具体例子来介绍。

第一步：将灌溉用水和栽培的基质，按花卉生长阶段取样，并送专业机构测试。测试内容包括：pH值、EC值和主要元素。如表3-3是由荷兰的专业实验咨询机构（Blgg）为某仙客来成苗阶段的用水的测试报告。

第二步：根据专业实验咨询机构（Blgg）的测试报告和建议，由专业人员结合花卉植物的具体需要做出分析。表3-4是上述报告中仙客来基质的分析报告。报告会清晰地指出pH值、EC值和主要元素差值情况。

第三步：由专业肥料公司，加上专业人员结合能取到的肥料种类，根据上述的分析报告提供一个具体的施肥方案。施肥方案主要包括肥料种类，及其用量和施用方法。如本例的仙客来的施肥方案如下：

夏季生产冷凉型的角堇，采用良好的土壤，花苗整齐健康

上述（表3-4）仙客来基质测试报告同理论标准值相比差异在75%~125%为正常。可以看出pH值偏高，但在调整EC值时，pH值也会改变。EC值极低，至少应在1.0mS/cm以上。这时植株会有缺肥症状，即便植株表现正常，测试结果已经警告土壤中没有养分储备。也就是说，只要再浇一次清水，马上会造成缺肥。建议尽快施肥，提高EC值。EC值提高可以使植株保持紧凑，尤其在夏季，可以防止大叶片的产生。磷酸盐与其他元素相比太高会导致锌和镁的缺乏，尤其锌含量很低。钾与钙含量也都很低，钙是细胞壁形成的重要元素。其他微量元素也处在低位。

上述（表3-3）仙客来用水测试报告显示水质由于一些元素过多而不利于仙客来的生长。同时许多微量元素含量偏低，需要通过肥料调整，重碳酸盐过高导致pH值上升，建议用硝酸调节。另外

表3-3 仙客来用水测试报告

Blgg Naaldwijk　　24-06-2004　　11

Clientnumber : 6012051　Code of cbject : 25086
Teatnumber : 525.086　Identification : SPEEDLING CHINA
Ordernumber : 525.081
Sampling date : 23-06-2004
Receiving date : 23-06-2004
Teatcode : 510

Syngenta Seeda BGFLS BV
B. Geijtenbcck
Poatbua 2
1600 AA ENKHUIZEN
Reaearch for Horticulture
Nutrient solution

	EC mS/cm.	pH	NH_4 mm=1/1.	K	Na	Ca	Mg	NO_3	C1	SO_4	HCO_3	P	Si mm=1/1.	Fe µm=1/1.	Mn	Zn	B	Cu	Mo
Teatreaults	1, 3	7, 6	< 0, 1	0, 1	2, 5	4, 1	1, 4	1, 8	3, 6	1, 1	5, 2	< 0, 01	0, 28	< 0, 2	0, 01	0, 1	4, 7	< 0, 1	< 0, 1

Please find eneloaed the analytical reaulta.

表3-4 测试分析报告

项目	pH	EC	NO_3	P	SO_4	NH_4	K	Ca	Mg	Fe	Mn	Zn	B	Cu	Mo	Na
测试值	6.70	0.20	0.20	1.04	0.40	0.10	0.10	0.50	0.50	0.90	0.20	0.30	1.00	0.10	0.10	0.10
校正值	6.70	0.60	0.22	1.13	0.43	0.10	0.11	0.54	0.54	0.90	0.20	0.30	1.00	0.10	0.10	0.10
标准值	5.8~6.2	1.50	3.00	0.50	1.40	< 0,1	1.60	1.00	0.50	8.00	2.00	2.00	15.00	0.70	0.20	
差异			7%	226%	31%		7%	54%	108%	11%	10%	15%	7%	14%	50%	

钠和氯元素是有害物质，对植株生长不利。建议用50%以上的雨水等改善水质是必要的。提高水质是合理施肥的前提。

综上所述，下列是建议的施肥方案。在10m^{3}水中放入以下肥料。

注意用60%硝酸3L来调节pH值。其他肥料：

硝酸钾	3.5kg
磷酸钾	1.4kg
硫酸钾	2.0kg
硝酸铵	液态1.2L 35%固态62g
硫酸锰	8g
6% DTPA铁	135g
硫酸锌	8g
硫酸铜	1g
钼酸钠	1g

草花生产中的水分管理

注意水质：用于花卉灌溉的水，首先必须清洁，不含有害物质。水的pH值为5.5～7.0，可溶性钾120mg/L以下。许多情况下水质达不到要求，因此使用前必须经过测试，并及时进行调整。

浇水方式：浇水方式也在不断变化与改进。大田栽培的喷灌，或人工浇灌应用了很长一段时期。以后又有滴灌和吸水灌溉。不同的浇水方式各有利弊。随着现代花卉生产规模的扩大，机械化浇水方式的应用在不断增加，尤其在温度较高的夏季或南方地区。但为了提高花卉质量，防止水流过激冲走、冲歪植株，或激溅泥土污染叶面，常以机械化浇水为主、人工补充浇水为辅的方式。浇水的时间尽量在上午进行，有利于植株的枝叶在夜间干燥，可以有效降低病虫危害。

浇水量：首先要根据不同花卉种类的习性，其次是不同的生长阶段。幼苗期间，一般需要有较高的湿度。播种发芽的浇水常用吸水法，或先湿润介质，或采用极细喷雾，以免将种子冲失，影响种子的发芽率。移植不久的植株，在根系尚未生长，或新芽未萌动的前期，一般7～10天内，常需要略多些水分。生长期的植株需要足够水分，但这不是指经常不断地连续浇水，供水频度以有利生长、不出现失水为度。事实上，合理浇水是最佳的生长调节剂，通过控制水分，能有效调节株型、生长、开花等。

草花生产中植物生长调节剂的应用

植株低矮、基部分枝多、株型圆整等，这些都是盆栽花卉质量的重要指标，在植物生长调节剂出现以前，人们只能通过栽培管理手段来完成，如控制水分、控制肥料，甚至摘心等。现代花卉园艺栽培中广泛应用生长调节剂来控制株高，培养良好的株型。植物生长调节剂的使用方法对其效果影响很大。首先是要尽量在植株生长的早期应用，这能有效控制其未来的生长。不能对低矮的植株使用矮壮素。植物生长调节剂需喷洒在较干燥的叶面上，喷洒后24小时内不宜叶面浇水。应用较多的植物生长调节剂有B_9、环丙嘧啶醇、CCC、多效唑，其中B_9应用最广，多效唑是较新的产品，而CCC最适合天竺葵种苗。

植物生长调节剂应用的优点：

（1）控制株高，节间变短；

（2）改善株型，产生圆整的植株；

（3）叶色更加浓绿，叶质健壮；

（4）开花整齐，观赏性强；

（5）货架期长，抗逆性增强。

植物生长调节剂应用的缺点：

选择性太强，即植物生长调节剂对不同的花卉种类，甚至同种不同品种之间有极不相同的反应。因使用时间不当，也会引起推迟花期等。

良好的植物保护措施

植物保护是花卉生产质量的保证，最有效的植物保护是良好的栽培措施，只有健壮的苗木才能抵抗各种病虫害的侵袭；其次，保持环境的卫生，包括生产区域的苗床、盆器、使用的土壤介质、温室场地以及人员的活动等需要保持整洁，卫生是杜绝或降低病虫害的发生率的前提；再次，根据作物特性进行病虫害的预测、预防和防治，为花卉生产保驾护航。

一、二年生花卉的控制栽培方法

草花生产中生产计划的制定

花坛植物生产在我国主要指花坛用的一、二年生花卉，俗称“草花”。国外传统的花坛植物主要是指为户外庭院提供季节性色彩的草本花卉，如今已发展到所有可以在控制条件下生产的一类花卉产品类型。包括一、二年生花卉、多年生草花、地被，甚至部分蔬菜、小型观果类。草花生产，尤其成品花的生产所需要的投入相对其他花卉小，因此草花生产被国内外花卉业普遍认为是最容易进入花卉产业的一类产品。我国的草花生产也是近几年发展起来的，如何提供适时而高质量的花卉产品对草花生产商是至关重要的。据美国《温室种植者》统计，全球最大的美国草花市场，每年生产量约合23亿美元，但其中10%～15%的产品由于生产商不能有效控制花期而报废，即200万～300万美元进了垃圾桶。所以有人问：草花的利润在哪里？回答是：相当部分去了垃圾桶。花期控制是草花生产的关键技术，是生产商保证获得利润的前提。产品的质量和有竞争力的价格是重要的，但按时提供市场需要的产品是必须的。为了做到这一点，人们在不断地寻求方法。及时上市，生产地的气候条件，一年中的不同季节，生产花卉的类型、品种都会影响到播种、移植和开花的时间。要做到按时提供高质量的产品主要包含两个方面，一方面是生产计划的安排，即何时播种、移植、开花；另一方面是控制其按需要的时间出货。

生产计划的制定通常要考虑以下五个方面：

（1）确认你的产品是为哪些人提供的；

（2）确认你的产品应该在何时提供；

（3）选定生产产品的花卉种类、品种、数量和规格；

（4）决定用何种生产方式以及提供的产品类型；

（5）预算成本，销售价格和利润。

第一，产品提供的对象，在我国草花的使用者以各级地方政府绿化部门为主。主要的操作者是各地园林系统、绿化工程公司。尽管近来也出现了一些居住小区的绿化需求，但总体来说是很单一的。而且他们不会像草花市场发展较好的国家那样提前几个月给你提供用花需求计划（包括所需的种类、品种、规格、数量等）并签订合同。他们的需求往往是突发性的，不好预测。目前这一点对我们的种植者来说是非常困难的，但我们只有通过供需双方加强沟通，逐步走向成熟。因为这是一个双赢的结果，种植商可以提供合适的产品，使用方可以获得高质量的产品。另一个发展趋势是使用方的多样化，如今国外的草花使用者已进入大众的日常生活。产品已进入各种花园中心、家居装饰中心和日用品超市。这些发展必将给我们的草花生产商带来新的、更多的发展机会。

第二，要考虑生产什么种类及品种，通常选用在市场流行的品种和在花园绿地中表现良好的品种，如耐热性等。一个苗圃不可能生产客户需要的所有品种，有些花卉种类如四季秋海棠需要较长的生产时间，这样会提高生产成本。也要考虑气候的特殊性来选择花卉种类和品种。这种销售预测可以根据历年的销售记录来判断，在此基础上做些新的品种计划来迎合有些特殊的需求。

第三，是决定出货时间。我国的草花用花时间相对比较一致，主要以重大节日，如五一、国庆等，以及重大的活动，包括各类庆典活动。因此，我国的草花生产商必须及时了解国家大事和各类日常活动信息。这对于草花生产计划制定是必不可少的。特别是我国的用户需要盛花期的产品，这要求生产商有足够的时间培养开花丰盛的产品。要做好这方面的工作，掌握各种花卉的生长时间的基本资料（表3-5提供了部分草花的生长时间资料）是必须的，它是计算生产日期的第一步。

表3-5 部分草花的生长时间

花卉名称	在穴盘内的周数[1]	上盆到销售的周数	总周数[2]
藿香蓟 *Ageratum*	5~6	4~5	9~11
四季秋海棠 *Begonia*	8~9	5~7	13~16
羽衣甘蓝 *Brassica*	3~4	4~6	7~10
长春花 *Catharanthus*	6~7	6~8	12~15
鸡冠 *Celosia*	5~6	4~5	9~11
彩叶草 *Coleus*	5~6	4~5	9~11
大丽菊 *Dahlia*	3~4	3~4	6~8
何氏凤仙 *Impatiens*	5~6	3~4	8~10
半边莲 *Lobelia*	5~6	5~8	10~14
香雪球 *Lobularia*	5~6	2~3	7~9
天竺葵 *Pelargonium*	6~7	8~11	14~18
矮牵牛 *Petunia*	5~6	2~4	7~10
欧洲报春 *Primula*	9~10	10~14	19~24
一串红 *Salvia*	5~6	4~5	9~11
孔雀草 *Tagetes*	5~6	2~4	7~10
美女樱 *Verbena*	5~6	5~7	10~13
三色堇 *Viola*	6~7	6~8	12~15
百日草 *Zinnia*	3~4	3~4	6~8

[1] 播种到育苗完成的时间，按406的穴盘计算，如128或288的穴盘时间会长些。
[2] 国外的草花提供的Pack容器苗，国内最小的10cm盆也需更长的时间。

草花的生产日程计划可以按周次来进行。1月的第一个完整周为第1周，以此往下到12月（第1周至第52周）。我们可以先确定销售的周次，根据资料上该品种从上盆到可以销售的周数得到上盆周次，再根据该品种所需的穴盘生长周数推算出播种周次。如第15周需要提供上市的鸡冠花，因为鸡冠花的穴盘生长期为5周，上盆到销售也要5周，那么我们应该在第5周播种，到第10周上盆。

第四，要考虑产品的类型及规格。合理的生产计划主要有两个作用，一是提供便于使用的产品类型，即产品规格，计划准确的生产周期。生产周期与提供的成品类型密切相关，如成品花、半成品并对应产品的规格。现代花卉园艺中缩短生产周期是种植者的兴趣，往往需要在同样的温室面积内增加一茬生产来提高年产值。如日本的草花生产能做到一年5茬，他们甚至采用一盆多苗的方法来缩短生产周期，如同样的盆径采用3苗可以缩短生产周期。如日本的蓝花鼠尾草，采用3苗是为了缩短生产周期，上海的花农，一串红也采用一盆3苗是为了提供大规格的成品，满足国内市场的需求。二是要提供开花及时的产品来降低损耗，这是目前我国草花生产者要解决的问题。我们常把这项工作称为花期控制。这项工作除了合理地制订生产计划，还要根据每年气候条件的变化和采取相应的栽培措施来控制和调节。了解以下影响草花开花的基本因素可以帮助生产者更好地实现草花的花期控制。

草花生产中控制栽培管理的技术要点

光照控制与开花

大多数草花有光周期反应，即日照的长短会影响到

每盆 3 苗的一串红生产大规格的成品

大规格的长春花，需要大规格的产品，可以采用一盆多苗

一盆多苗的长春花，分枝多

大规格长春花静待出圃

开花。美国明尼苏达州立大学对60种草花的光周期反应试验发现，草花有长日照植物、短日照植物和中日照植物之分。如大波斯菊（*Cosmos*）和百日草（*Zinnia*）在短日照条件下有利于促进开花；赛亚麻（*Nierembergia*）和半边莲（*Lobelia*）则在长日照条件下有利于开花。

补充光照对草花的开花影响。许多草花在生长期间补充光照会使花期提前。有称为“正补光反应”的花卉，如矮牵牛在生长期间补充光照会促进开花；相反的称为“中补光反应”的花卉，如半边莲在长日照条件下补充光照无助于开花。

了解植株对光周期或补充光照的反应时期。许多草花不可能在种子发芽后马上形成花芽，通常需要生长到一定阶段后才开始形成花芽。在此之前进行补充光照或作光周期处理都起不到作用。草花的光反应处理通常只要2～3周时间即可。大多数草花不需要在其整个生长过程都作处理，我们只要在关键的时间做必要的处理，而其他时间放在普通的场所生长即可。

温度调节与生产周期

了解温度对草花的生长、发育的影响。一般情况下，温度越高，草花生长越快（表3-6）。但温度过高或过低都会阻碍草花的生长、发育并影响植株的生长质量。许多草花的最高生长温度为25～27℃。在高于27℃时生长减缓。但有些草花如长春花在低于18℃时生长会减慢。大多数一、二年生草花在温暖的条件下能提早开花。如矮牵牛品种‘Pink Magic’3月9日的播种苗，在15.5℃条件下生长，到5月21日有96%开花，而在10℃条件的对照试验仅4%开花。实际工作中人们愿意控制在16℃或略低些，而不是21℃的原因是，高温能促进生长，但不利于植株基部分枝。因此尽管可以提早开花，但花苗的株型不良。

合理使用生长抑制物质

生长抑制物质（矮壮素）的使用有助于控制草花的生长速度。在较高温度的条件下会加速草花的生长、发育，这时可以使用矮壮素来控制。草花往往在移植后不久，尤其在早春光照不足时开始徒长，产生细弱的茎秆。为了保持植株良好的株型可以采用生长抑制物质，生长抑制物质有抑制茎秆伸长的作用。常用的草花生长抑制物质：环丙嘧啶醇常在移植后2～4周进行叶面喷洒，浓度30～130mg/L。B_9同样使用，但浓度为2500～5000mg/L。其他的有多效唑、矮壮素、烯效唑。草花对不同生长抑制物质的反应是不同的，因此在使用前必须了解产品的特性和比较试验后方可使用。特别需要注意的是生长抑制物质的作用只是有限调节，栽培过程中最重要的激素替代品是水及肥水的有效控制并提供合适的低温和光照。

肥水管理

大多数一、二年生花卉，经常不断地浇水有利于提前开花。如矮牵牛品种‘Comanche’3月2日播种，每天浇水的植株5月21日70%开花，水分不足的对照试验仅7%开花。土壤湿润确实有利提早开花，但也常使植株偏高。浇水是一个非常敏感的栽培要素，即使在机械化程度很高的国家，很多种植者在温暖天气来临之前进行人工浇水。经常多施肥能使大多数一、二年生花卉提早开花。例如矮牵牛品种‘Allergro’3月2日播种，到5月21日不施肥的仅33%的植株开花，而每周施肥的有90%的花苗开花。

表3-6 温度对草花生长、发育的影响

植物名	12℃	16℃	20℃	23℃	天*
何氏凤仙 *Impatiens* ‘Super Elfin’	-	72	54	47	1.8
矮牵牛 *Petunia* ‘Avalanche Pink’	88	74	47	39	2.5
矮牵牛 *Petunia* ‘Dreams Rose’	84	67	46	37	2.3
矮牵牛 *Petunia* ‘Purple Wave’	112	88	57	45	3.3
三色堇 *Viola* ‘Colossus Yellow Blotch’	95	82	63	58	1.9
三色堇 *Viola* ‘Crystal Bowl Supreme Yellow’	72	63	51	46	1.3
三色堇 *Viola* ‘Delta Pure White’	88	71	61	53	1.6
三色堇 *Viola* ‘Blackberry Cream’	68	60	50	45	1.1

— 表示植株在此温度条件下受害。

* 表示24小时内温度降低1℃植株延缓生长的天数。

以上试验为不同草花品种同时从子叶展开到第1朵花开放的天数，光照条件为每天16小时，光照强度为15000 lx。

生产管理措施

花卉栽培质量的控制往往要通过综合的措施来实现，可以根据不同的要求采用不同的方法，这里提供4种常用的方案供参考。4套方案的比较见表3-7。

表3-7　草花四种不同温度的生产模式

温度处理方案	种苗生长温度	上盆至开花所需天数（天）	植株质量
冷凉干燥	降温至10℃	140	最高
先升温后降温	上盆后7~10天，保持15.5℃，然后降温至10℃	100	较高
始终保持15℃	上盆后，始终保持15℃	84	中等
始终保持20℃	上盆后，始终保持20℃	70	一般

温暖的条件、充足的水分、勤施肥，能促进生长，提早开花，但株型变弱。上面的介绍，是通过调节温度来控制生长，因为温度在栽培中常起主导作用。4套方案各有千秋。当提早开花是迫切要求时，第四方案是好方法，如再和矮壮素、光照配合，会使株型好一些。实际工作中也应选择以某一方案为主，结合其他措施来综合完成。

我国大多数地区以传统的方法控制花卉生长，主要有：将耐寒性种类，在冬季保护越冬，以提前开花。对不适宜夏季炎热的种类，推迟播种，使其秋季凉爽时开花。对不耐寒的种类采用春播；对有些耐寒的种类采用秋播。对有些冬季采取保护也可秋播的种类，主要是满足其5～10℃低温春化的要求，以保证植株良好的株型。

一、二年生花卉的花期控制方法，主要有：①分期播种。这对一些要求温暖、生长期较短的花卉较易做到，如硫黄菊、凤仙、翠菊等。②光照调节。主要对一些有短日照习性的花卉种类，通过短日照处理，可调节花期，如万寿菊等。③提早育苗，促成栽培。用于一些通过升温可提前开花的种类，如金盏菊、三色堇等。④夏季保护，秋季可再次开花。主要用于二年生花卉。

草花的花期控制和盆花的花期控制原理是一样的，如根据植物的光周期反应，或是温度影响等。需要注意的是，温度对不同草花的影响程度是不同的，我们可以通过查阅一些资料来了解，但这远远不够。因为这些影响和反应在不同的地区和不同的季节是截然不同的。

角堇现代化生产苗圃，各种花色的角堇，花苗整齐一致

种植者在特定的地区将栽培过程的每个环节仔细记录下来的资料才是最有效的指导意见。由于小气候的不同，甚至不同类型的温室设施和栽培方法产生几周的差异是常有的事。我们只有根据这些原理，通过自己的不断试验和记录下来的资料，在此基础上制定出生产计划才会准确有效。随着技术的发展，如从自行播种育苗到购买专业生产的穴盘苗等，具体的方案都会做相应的变化。我们可以总结出更为合适的方法，在草花生产中有效地控制花期。

草花出圃准备

花圃生产的花卉，包括盆花，在出苗圃之前应做些必要的准备，以保证花卉产品在市场上和消费者使用时有最佳的效果。

（1）出苗圃前，应提前7～10天，控制浇水与施肥。

（2）逐渐调节温度，使花卉产品能适应外界环境。

（3）装运之前应浇足水分，以淡淡的肥料水为宜，保证运输过程中不萎蔫。

（4）花卉产品，包括盆花应该有良好的防护、包装，以免运输途中损伤。

（5）出苗圃的花卉产品应做必要的标签，不仅有文字简介，而且有图片。

（6）花卉产品运到目的地后应立即卸车，特别要注意浇水，及时供水能保持产品的质量。

（7）花卉市场的环境，如温度、风口等，对产品的质量影响很大，应注意保护。

花卉产品的检疫与防疫

检疫与防疫是一个国家或一个地区的行政机构利用法律法规，禁止或限制危害性病害、虫害和杂草人为地从境外或省、市区外传入，或者在传入以后，限制其传播扩散的一个重要措施。这种措施的目的，在于保护本地区动、植物的健康生长。因此，在花卉生产、科研中，尤其在引种开发不同花卉或在相互交换不同种类或栽培品种的过程中，首先要严格遵守国家和地区植物检疫与防疫的有关法律法规。

04 十大花坛植物

花坛在我国的发展历史悠久，也广受园林花园建设者的青睐，但花坛花卉应用的种类非常单一，是业内人士最大的困惑，真正常用的种类主要集中在一串红、孔雀草、矮牵牛，号称花坛花卉的“老三样”；其次是季节性的种类，如华东地区冬春的三色堇，华南地区则是非洲凤仙等。本节将介绍的十大花坛花卉几乎可以覆盖我国常年花坛用花种类的90%以上，也就是说，掌握了这10种花卉，基本就可以胜任我国一年四季的花坛配置所需的花卉种类。我们要丰富花坛花卉的种类，尽量多地挖掘新的花坛花卉，但并不意味着要淘汰这些常用的种类。我国的花坛花卉应用存在的另一个问题是对园艺品种不够重视，其实，即便是“老三样”的矮牵牛、一串红、孔雀草，其新优的园艺品种也在不断涌现，不仅改善了传统的花坛应用效果，如不断推出新的花色、更优质的株型、更强的抗病性等。同时，新的园艺品种还会使这些种类有新的应用类型，如30

矮牵牛具有丰富的花色品种

年前的矮牵牛主要是直立型的花坛应用为主，一度被称为“花坛植物之王”。自从有了‘波浪’藤本类型的矮牵牛，矮牵牛又成了悬挂花篮的主要种类。因此，学习花坛花卉，不仅要掌握种类，更要及时地了解其园艺品种。本节将详细介绍这些常用花坛花卉的种类和主要的园艺品种。

花坛植物之王：矮牵牛

概述

茄科矮牵牛属（*Petunia*），本属约35种，原产南美。花园内常用的种类为种间杂交种，主要亲本有*P. axillaris*、*P. inflata*、*P. violacea*等。矮牵牛自1830年引入欧洲以来，被誉为花坛植物之王。这是因为矮牵牛在花坛植物中的特殊地位是其他花卉无法比拟的。首先，无论是1880年第一个花卉栽培品种‘加州巨人’，还是20世纪50年代产生的第一个F_1代栽培品种都是出自矮牵牛，这足够奠定了矮牵牛在花坛植物中的地位。其次，矮牵牛的园艺品种，具有花坛应用所要求的全部优势，包括株型紧凑，分枝性强，易表现群体美；花朵密集，花盖度高，易形成图案美；花色丰富，除了常见的红、粉红、玫红、蓝色、紫色和白色等，矮牵牛的一个色彩系列就足够满足花坛色彩搭配的协调性。矮牵牛如今已有无数的园艺品种，仅仅花色的变化就有许多类型，如纯色类的、脉纹类、星斑类、白心类、花边类等，还拥有一些特殊的花色，如黑色、蓝色星空以及花叶品种。如此丰富的园艺品种使得矮牵牛同样适合花坛的衍生应用类型，如悬吊花篮和各种容器花园。

园艺品种

多花类（multiflora petunias）：开花多，一般花朵较小。在园林绿地中可以提供很长的观赏期。

①单瓣多花型（single multiflora）：花单瓣，适合群植观赏，为最佳的花坛材料。如‘Hurrah’，株高约20cm，花期早，观赏期长，对气候的适应性广。主要花色有粉红、玫红、蓝、蓝白相间、紫等。

②重瓣多花型（double multiflora）：花重瓣，多花性，有许多香石竹型的小花，可以盆栽。如‘Madness’，花色玫瑰红和白色相间。

矮牵牛园艺品种的最新动态还出现了迷你型品种，代

黑色矮牵牛　黄色　矮牵牛‘蓝魔’　爱心图纹　花叶类

纯色类　花边类　星斑类　白心类　脉纹类

矮牵牛单瓣多花型

表品种‘小甜心’，整株和花朵更小，可作小盆栽应用。

大花类（grandiflora petunias）：大花品种以花朵大为特征，花径7.5～10cm，有皱瓣、单瓣、重瓣。花大而花色丰富，应用很广，适合盆栽应用。

①单瓣大花型（single grandiflora）：花朵大，单瓣，可盆栽或布置花坛。如‘Bravo’，株高15～20cm，开花多而整齐，花期长，适合群植观赏。主要花色有蓝紫、粉红、粉红具脉纹、红、玫红、橙红、白和以上各种花色的混色。

②重瓣大花型（double grandiflora）：花朵大，重瓣，是最佳的盆栽品种。如‘Wimbledon’，株高30～40cm，花大，重瓣，花色有红色、粉红色、紫色、白色等。

蔓生类（pendula petunias）：枝条长而蔓生性的品种，最初的蔓生类品种，追求蔓长的枝条，出现花朵集生枝顶，如品种‘Wave’，是最具代表性的蔓生品种，之后出现的蔓生类品种不仅枝条顶端有花，更注重每个叶腋内均有花着生。蔓生类矮牵牛作为新的类型，适合制作悬挂花篮，使得产品的价值大幅提升，这也使得这类品种的种子价格提高。

无性系品种（cutting varieties）：矮牵牛品种的发展，催生了育种的推进，而真正改变和拓展矮牵牛用途的还是大量的无性系品种，基本上以蔓生类品种为主，代表品种‘Surfania’，曾经风靡全球的矮牵牛市场，高额的利润，吸引了花卉育种公司，新品种不断出现，包括种性变化的杂交品种，如‘Potunia’，‘Littletunia’和‘Calibrachoa’。其最大的特点是多花性，花色特别丰富，常见的有紫、紫红、蓝色、白等，包括黄色，宜作悬挂吊盆。

花坛应用

品种选择：矮牵牛尽管非常适合花坛应用，但还是需要注意品种选择。众多的园艺品种中，单瓣类品种更适合于花坛应用，单瓣多花类的品种，由于雨后的复花能力强而成了花坛植物首选，尤其在我国南方雨水较多的地区。花坛应用的矮牵牛，花苗质量也至关重要。株型紧凑、不徒长是关键，这也是各个品种系列之间竞争的要点。荷兰的

矮牵牛迷你型品种

矮牵牛单瓣大花型

矮牵牛重瓣大花型

蔓生类矮牵牛品种‘波浪’

蔓生类矮牵牛品种‘瀑布’

色彩艳丽的无性系矮牵牛品种

盆栽型矮牵牛品种‘Potunia’

小型矮牵牛品种‘Littletunia’

舞春花品种‘Calibrachoa’

徒长的大花型矮牵牛

Hem公司是最早推出紧凑型矮牵牛品种的育种公司，品种‘Limbo’大花类和‘Mambo’多花类是具有天然矮生、紧凑遗传基因的矮牵牛品种，生产过程免喷矮壮素，最近推出了新一代的花坛型紧凑型矮牵牛，称为“GP型矮牵牛”，GP意为花园表现，即在原来紧凑的性状基础上，适当平衡花园需要的生长旺盛的效果。

植物配置：矮牵牛由于同一个系列花色足够丰富，因此建议尽量采用同一系列、不同花色的配置，组成明快的图案。矮牵牛不仅花色丰富，而且花色类型各异，花坛植物配置宜采用纯色系的品种。只有当需要鲜艳黄色时才会考虑选用其他种类和品种，但是需要特别注意其协调性，常用孔雀草的小花品种，这样比较容易配置协调。没有协调的把握，不建议矮牵牛与其他种类和品种搭配，否则难以做到花坛的整体协调和图案效果。

花坛种植：矮牵牛宜选择初花期的花苗种植，保持一

用徒长的大花型矮牵牛种植的花坛，图案有空秃

左边为普通的多花类矮牵牛，右边为紧凑型矮牵牛品种‘Mambo’

6月6日，种植55天后，左边的普通多花型矮牵牛开始徒长；中间的紧凑型矮牵牛依然保持良好的图案效果

定的株行距，留有生长空间，种植过于老化的苗，或种植过密都会影响花坛的效果。矮牵牛的日常养护简便，但要避免大水浇灌，其花瓣忌水冲刷，特别那些残花易粘连在植株上的品种，影响花坛效果。

矮牵牛的不同花色配成的花坛图案清新淡雅

花坛中的矮牵牛株型较松散，植株徒长，花坛图案效果差

矮牵牛与黄色的孔雀草配置协调

花坛中矮牵牛与不同种类的花卉——皇帝菊、繁星花配置，图案协调性差

中国最“红”的花坛植物：一串红

概述

唇形科鼠尾草属（*Salvia*）。原产南美。一串红成为我国最常用的花坛植物是因为：首先，独特的红色，百花之中具有红色的花朵不足为奇，但“红色”最为鲜艳、明亮的唯一串红独有；一串红的“红”，最能表达我国文化中的热情奔放，喜庆之红；尤其是与我国“国庆”和“五一”两大庆典主题高度吻合，尽管一串红也有其他花色，如白色、紫色等，但红色占比95%以上。其次，一串红的株型为花坛量身定制，尤其是矮生的栽培品种，紧凑的株型，密集的总状花序占据了2/3的株高。植株开花时，只见其红花，难见其绿叶，极其容易形成花坛的红色图案。

一串红丰富的花色品种

园艺品种

一串红在国际上不是主要的花坛植物，可在我国却是最重要的花坛植物之一。园艺品种主要针对我国的花坛用花特点进行培育，强调矮生性和株型的紧凑型，包括花序的紧凑、小花密集以及早花性等指标。追求新品种，但至今还没有F_1杂交品种。传统的一串红株高40～50cm，如曾经流行一时的一串红园艺品种‘Carabinere’植株较高，但花序也长。因此，25～30cm即可视为矮生品种，追求株型紧凑，花序长，小花密集，花期长，叶色浓绿，抗逆性强，尤其是耐热性。‘展望’（‘Vista’）无疑是流行的品种之一，同类的品种还有‘火凤凰’（‘Sahara’）、‘超威’（‘Red Alter’）、‘烈火2000’等。早花品种，株高略低矮些，叶色浅绿，抗逆性稍弱些，代表品种‘莎莎’（‘Shasa’），花期比其他品种略早

一串红良好的株型，2/3是花序

优质的一串红在花坛中有着夺人眼球的效果

7～10天。市场流行一段时间的矮生品种后，现在又追忆往日的高茎类品种，认为高茎类也许更适合花园，所谓的“Garden Type”株高在40cm以上，优质的品种花序长，花朵密集，代表品种‘Lighthouse’和‘Grandstand’。

一串红的园艺品种还体现在不同的花色，通常花色的特点是花冠与花萼同色，由于花萼筒留存时间长而使花期显得长久。除了红色，还有白色、紫色、鲑红等。花冠与花萼不同色则又成了花色品种，丰富了一串红的园艺品种。

一串红的花坛应用，其鲜艳亮丽的红色与我国的许多欢庆主题高度吻合，成了难以替代的重要花坛植物。我国的花卉自主育种自然将一串红作为攻克的主要目标之一。尤其在北京2008年奥运会的花卉选育课题中，北京花木公司在花卉品种展示中出现了由北京市园林科学研究所（现北京市园林科学研究院）自主培育的品种‘奥圣10号’系列。

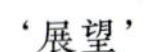

‘展望’

‘火凤凰’

‘超威’

‘烈火2000’

左边为‘超威’与右边明显早花的‘莎莎’，其花期、株高和叶色的差异，清晰可见

高茎类品种‘Lighthouse’

花坛应用

品种选择：矮生类的品种是花坛选择的主流，是花坛效果的保证。注意两个极端：一是没有品种选择的意识，往往徒长，株型过于松散、花序短小的植株；二是过于矮生的品种，往往早花，但抗逆性较弱，需要良好的栽培条件和养护要求，才能维持良好的花坛效果。

植物配置：红色的一串红与金黄色的孔雀草是经典的花坛配置，特别能体现喜庆的主题，应用非常广泛，只要品种质量优，花坛效果就能保证。花坛植物配置讲究色彩的对比强烈，追求图案明快，尽量采用对比色的植物配置，如红、黄、蓝的配置，或红与白的配置。一串红不同的花色也容易组成协调的花坛图案，只要注意花色的对比，常常将白色置于深色之间，便于形成反差，使图案更加明快。一串红的混色配置也会有不一样的效果，可以将不同的花色按设计师的意图配置，如冷色调或暖色调等，配置得当给花园带来新的景象，目前在我国的花园并不多见，有待尝试。花坛植物配置与花坛的效果关系非常

美国密歇根州立大学试验田内高茎品种‘Grandstand’与矮生品种‘Mojave’

'Grandstand Red' 红色

'Grandstand Salmon' 鲑红色

'Grandstand Lavender' 淡紫色

'Grandstand Purple' 紫色

'Grandstand Blue Bicolor' 蓝白双色

花冠与花萼同色的一串红品种

花冠与花萼不同色的一串红品种

一串红的复色品种

北京市园林科学研究所的自主园艺品种‘奥圣10号’系列

一串红优质的矮生品种，花序与枝叶的比例协调

品种不明的一串红不宜采用

密切。这里有个案例，同样的设计，但植物配置不同，花坛的效果差异明显。如p190上图，花坛植物采用红色的鸡冠花与黄色的五色梅，按理说红色与黄色是经典配色，但由于鸡冠花与五色梅的株型与质感差异太大，花苗的质量也不同，导致花坛的效果欠佳。如p190下图，花坛植物采用同一品系的一串红红色与白色，由于株型、质感和花苗质量相对一致，花坛的效果大为改观。

花坛种植：一串红是强喜光花卉，种植场地要求光照良好。因此，花坛设计时，以及种植场地均要保证阳光充足。树荫下，一串红不能正常开花，植株生长衰弱。一串红种植时，应采用初花状态、整齐一致的花苗。种植2周后进入花坛的最佳观赏期，花坛效果整齐、协调。

上海古城公园大草坪花坛内的一串红，花穗整齐一致，鲜艳红色与亮黄色孔雀草配置，花坛效果亮丽

红色一串红与橙黄色孔雀草。两个调和色难以形成明快的花坛图案

黄色的孔雀草整齐度差，难以和红色的一串红形成图案

一串红的质量差而不整齐，花坛效果难以保证

一串红与孔雀草的整齐度高，花苗质量好，有利于花坛效果的展现

一串红红色、蓝紫色与黄色的配置，三原色同台，图案感极强

上海曲阳公园内一串红的主要花色形成的花坛，色彩协调，图案感强

上海普陀街头的一串红花坛，采用了近似色，但中间的黄色万寿菊起到了增亮的作用

混色一串红的花园效果

一串红冷色调混合

一串红暖色调混合

鸡冠花与五色梅两种质感不同，难以协调

一串红的红色与白色两个花色，协调配置，花坛效果好

树荫对一串红开花的影响

树荫下的一串红，长势衰弱

光照下的一串红，花朵密集，亮丽

花坛内的花苗规格不整齐，影响花坛效果

黄色的花坛植物：万寿菊（孔雀草）

概述

菊科万寿菊属（*Tagetes*），本属50种，原产墨西哥。主要栽培种有2种：万寿菊、孔雀草，是两种常用的花坛植物，在植物学上是两个不同的种：万寿菊（*T. erecta*）植株茎秆直立，株高20～90cm，花朵大，重瓣性强，花色纯，主要有黄色、金黄、橙黄。孔雀草（*T. patula*）植株枝条外倾性，分枝多，株高15～25cm，花单瓣或重瓣，花色黄色，基部暗红呈复色。

是花坛应用中黄色花卉的重要花材，园艺品种丰富，可以和大多数花坛植物配置，虽不耐霜冻，但春秋两季都能供花。

园艺品种

万寿菊、孔雀草是最常见的花坛植物，但是全球能提供其园艺品种的花卉育种商只有2～3家。

万寿菊的园艺品种以F_1杂交品种为主，表现出非常一致的整齐度。花坛应用的主要有矮茎类和中茎类两大品种。

矮茎型：株高20～30cm，短日照反应强烈，夏季日照长、高温、多雨，易产生良好的株型。适合盆栽和夏秋季节花坛应用。几十年来代表品种只有2个：‘安提瓜’（‘Antigna’）和‘发现’（‘Discovery’），株高约20cm，矮生，花期特别早，花重瓣，花朵圆形。主要花色有金黄、橙黄、樱草黄及亮黄。

万寿菊的各种园艺品种

孔雀草的各种园艺品种

切尔西花展上的印度花园展示了万寿菊、孔雀草的应用，挂在门梁上的万寿菊是用于宗教的贡品，印度是万寿菊用量最大的国家

万寿菊‘安提瓜’

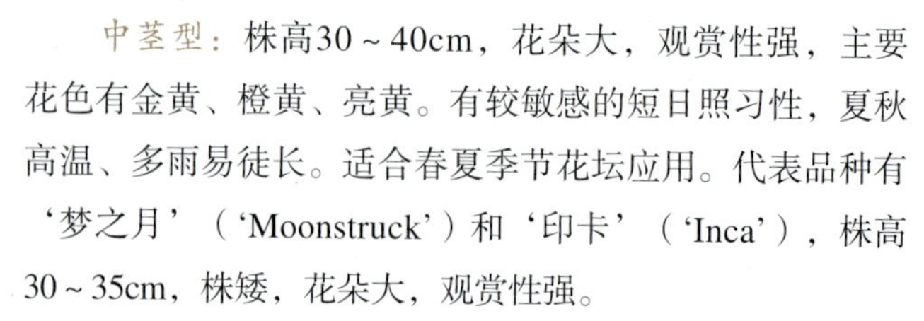

中茎型：株高30～40cm，花朵大，观赏性强，主要花色有金黄、橙黄、亮黄。有较敏感的短日照习性，夏秋高温、多雨易徒长。适合春夏季节花坛应用。代表品种有‘梦之月’（‘Moonstruck’）和‘印卡’（‘Inca’），株高30～35cm，株矮，花朵大，观赏性强。

孔雀草至今尚无F_1园艺品种，目前市场上均为常规品

万寿菊‘梦之月’

万寿菊‘印卡’

万寿菊‘发现’

孔雀草‘小男孩’

孔雀草‘红运’

孔雀草‘巨兽’

三倍体孔雀草品种

种，因此孔雀草的株型整齐度不如万寿菊。孔雀草的园艺品种类型相对丰富，常按花径及重瓣性进行分类。

小花重瓣型：花朵小，花径约2cm，多花性，适合花坛和组合盆栽应用。代表品种有‘小男孩’（‘Boy’），花期较早，花朵小，花圆形，重瓣，植株圆整，适合冷凉和一般温和的气候，株高约20cm。主要花色包括金黄、红黄相间、橙黄、亮黄和各种花色的混合。

孔雀草的单瓣花品种

中花重瓣型：花朵较大，花径约4cm，适合花坛和组合盆栽应用。代表品种有‘红运’（‘Bonanza’），株高15～20cm，矮生，早花，大花，重瓣，比‘Boy’品系更适合温热地区生长。主要花色有橙红、金黄、红黄相间、橙黄、褐黄、花心金黄、亮黄和各种花色的混合。

大花重瓣型：花朵大，花径5cm以上，适合花坛和组合盆栽应用。代表品种有‘巨兽’（‘Jumbo’）。真正的大花型的孔雀草是三倍体品种，如‘永恒’（‘Endurance’），是将万寿菊的高质优势结合到孔雀草的品种。株高略高大，花期早，花朵大，花量大，适合盆栽。主要花色有金黄、橙黄。

花坛应用

品种选择：万寿菊花坛应用的品种选择主要是3个方面：第一，植株的高度，主要根据对日照的反应、温度高低和雨水的多少进行选择。春夏季节，温度低、日照短，宜选用中茎类的品种，如‘印卡’或‘梦之月’；夏秋季节，温度高、日照长、雨水多，宜选择矮茎类的品种，如‘安提瓜’。如品种株高选择不当，矮茎类品种在春季，

中茎品种不适合夏秋的花坛表现，枝叶徒长，花朵埋入叶丛中，花坛表现不良

花朵质量最好的万寿菊品种‘梦之月’，深橙黄，重瓣性特强

只能长到10cm左右，不发棵；而高茎类品种在夏季温度高，雨水多，日照长会引起植株过于徒长，尤其是枝叶过度生长，将花朵埋入叶丛，花坛效果难以实现。第二，花朵的质量，万寿菊硕大的花朵，其实是由头状花序组成的，小花越密，重瓣性越强，呈蜂窝状，花朵质量越好。可以最大程度地避免积水，防止花朵过早腐烂；而花朵的重瓣性越弱，则花朵质量较差，易积水，引起花朵腐烂。第三，万寿菊的花朵较大，但花柄中空，比较容易折断，需要在运输和种植施工时加以注意。选择花柄粗短、坚挺的品种，如‘梦之月’。

孔雀草株型矮小，分枝多，多花性，复花能力强，除了整齐度不如万寿菊，其他性状更适合花坛应用。园艺品种多，花坛应用选择时应注意两点：一是株型大小，这点类似于万寿菊，春夏季节，宜选用相对高大些的品种，如‘红运’；而夏秋季节，则选择矮生类、小花性的品种，如‘小英雄’‘珍妮’等。二是花色类型，孔雀草的原种是双色花，而园艺品种有纯色类的更适合花坛图案的表达，主要花色类似万寿菊，黄色、金黄、橙黄以及特别的橙红。

植物配置：孔雀草、万寿菊是花

优质万寿菊花朵圆整，花瓣紧密，不易积水

劣质万寿菊花朵扁平，花瓣排列松散易积水

上边万寿菊花朵质量不良，易积水，腐烂；下边花朵质量较好，不易发生腐烂

万寿菊花柄易折断，影响花坛效果

金黄色的孔雀草与红色的一串红是花坛植物的经典配色

金黄与橙黄相配可以互相增色

万寿菊金黄与橙黄混合色形成独特的色彩感

坛的黄色花卉主要材料，可以和许多缺乏黄色的花坛植物配置，如矮牵牛、天竺葵、一串红、四季秋海棠等。其黄色包括浅黄、黄色、金黄和橙黄色，与其他花卉配置时，以金黄色最常用，既有亮丽的黄色，又不乏喜庆感，但要注意浅黄色不适合在我国喜庆时节应用。各种不同的黄色适合万寿菊或孔雀草的品系内配置，如孔雀草的金黄和橙黄，无论是图案配色还是混色应用都可以使得花坛色彩更加活跃。株型，包括花朵的大小配置，是花坛图案协调性的关键，如一串红，和四季秋海棠与孔雀草比较容易协调，而天竺葵的株型、花朵大小与万寿菊更相配。孔雀草的分枝性和复花能力强，花坛应用更多些，万寿菊主要是杂交优势，整齐度高，尤其是第一朵花，简直是模具生产的一般，加上精良的施工，适合高端的花坛，整齐划一。

孔雀草与四季秋海棠配置的花坛，株型协调

花坛种植：种植的整齐度是花坛的关键技术之一，这对于孔雀草来说尤为重要。孔雀草是非F_1杂交品种，除了品种选择外，花苗的生产质量是整齐度的保证。花坛宜选用株型整齐、花期一致的花苗，即便同一批次的花苗也应整理大小苗，做到有序种植。种植的整齐度，在一定程度上可以增强花坛的效果。万寿菊虽然株型相对整齐，但花期的推算，如何确保第一朵花整齐一致地与花坛的最佳观赏期吻合，成了万寿菊花坛能否成功的最大挑战。

万寿菊第一朵花的整齐度

万寿菊与天竺葵的经典绝配，花坛效果极佳

花坛中的万寿菊与何氏凤仙配置不够协调

孔雀草的质量影响了花坛的效果

优质的孔雀草花苗保证了花坛效果

花坛植物的开花机器：四季秋海棠

概述

秋海棠科秋海棠属（*Begonia*），原产南美，本属900余种。叶片基部歪斜，雌雄异花同株。四季秋海棠株型较小，分枝性强，花朵多而密集，花期特别长，从春季可以延续至秋冬季节，是布置花坛的极好材料。

观赏种类丰富，园艺分类主要有三大类：根茎类（rhizomatous begonia)，如以观叶为主的蟆叶秋海棠（*B. rex*）；球根类（tuberous begonia)，如以盆栽观花为主的丽格秋海棠（*B.* × *hiemalis* / *B.* × *elatior*)、球根秋海棠（*B.* × *tuberhybrida*）；须根类（fiberous begonia），如以花园种植为主的四季秋海棠（*B. semperflorens*）、大花秋海棠（*B.* × *benariensis)*。

园艺品种

四季秋海棠的育种目标以花坛应用为主，品种特性主要在株型紧凑、整齐度高、分枝性强、多花性和早花性以及耐热性方面，涌现出许许多多的园艺品种，均为F_1杂交品种，其实已形成了栽培组群（semperflorens-cultorum hybrids）。常见品种有绿叶类和铜叶类（红叶类）之分，花色则有深红、粉红、玫红、白、红白相间。代表品种如‘超奥’（‘Super Olympia’）以早花、花朵大、发棵快、株型略大为特点。‘鸡尾酒’（‘Cocktail’）以铜叶类中叶色特别红为

四季秋海棠红叶红花的品种质感细腻，见花不见叶，花坛效果极佳

秋海棠属的花朵为雌雄异花同株。图下方为雌花，背有蒴果；上方为雄花

铜叶类四季秋海棠的品种

绿叶类四季秋海棠的品种

右边的‘超奥’四季秋海棠与左边的品种比较，株型明显大，开花早

‘鸡尾酒’四季秋海棠是铜叶红花品种的标杆

‘尤里卡’四季秋海棠株型紧凑，整齐、多花，花坛效果佳

标志。‘尤里卡’（‘Eureka’）则株型紧凑，整齐，多花，同时具有铜叶类和绿叶类，花色齐全，花坛应用最佳。‘神曲’（‘Inferno’）株型略大些，包括花朵大而有别于同类品种。四季秋海棠也有重瓣花品种，往往是无性系品种。

大花秋海棠，由德国班纳利育种公司推出的杂交种，该公司有150多年历史，秋海棠育种是该公司的特长，将其直接定名为*Begonia* × *benariensis*，意为“班纳利产秋海棠”。园艺品种‘比哥’（‘Big’）的推出，是花园用秋海棠的一个新里程碑，使得秋海棠在花园不仅用于花坛，还在大的花箱容器、绿地种植，其难以置信的抗逆性和开

四季秋海棠重瓣花品种

‘比哥’大花秋海棠于2008年在欧洲班纳利展台推出

不完的花朵，给花园带来无与伦比的观赏性。其品种名‘比哥’的意思，就是“大”，株型高大，高60cm以上，花朵直径5～8cm，同样的多花性，抗逆性似乎更强了。

花坛应用

品种选择： 四季秋海棠的品种适合大多数尺度的花坛应用，只有当花坛面积特别大时才采用大花秋海棠。花坛效果讲究的是图案感，因此株型紧凑、整齐度高、多花密集的品种是花坛的首选。花色方面，红色，特别是铜叶红花是应用最多的花色品种，主要是铜叶类的叶色可以补充和加强花坛图案的红色效果，其他的色彩就得靠多花性强的品种，做到见花不见叶，便于呈现花坛的图案。大花秋海棠‘比哥’应用于花箱等容器，布置环境更显其优势。

四季秋海棠的劣质品种，花坛效果差

四季秋海棠优质品种‘尤里卡’组成的花坛效果

植物配置：花坛配置时，四季秋海棠的不同花色足够配置成精美的图案。需要注意的是尽量采用同一品系的不同花色配置同一图案，不同品种的性状差异很大，只是考虑花色的搭配难以做到图案的一致性和协调性。花色的配置，花坛讲究对比强烈，红叶红花的品种与绿叶白花的品种配置效果明显。纯色的配置是比较容易被采用的，其实四季秋海棠的混色同样是一种配色方案。

四季秋海棠的品种没有黄色系，因此，花坛布置时可以和孔雀草或万寿菊配置，以满足花坛图案对黄色的要

‘比哥’大花秋海棠花箱种植应用更有优势

四季秋海棠花坛的配色协调，图案感强

中国第十届花卉博览会的标志性大花坛，由四季秋海棠配置成的蝴蝶图案花坛

布拉格广场上的花坛外形定好后，用四季秋海棠的混色配置，图案效果让人耳目一新

四季秋海棠与孔雀草配置的花坛

‘比哥’大花秋海棠与万寿菊配置的花坛

求。四季秋海棠与其他种类配置时需要主要花期的一致性，株型和质感的协调性。

花坛种植：四季秋海棠是草本性很强的花卉，枝叶含水较多，宜环境湿润，光照略弱些也无妨，但要排水良好的土壤。种植时土壤疏松非常重要，僵硬的土壤不利于根系生长，植物不易吸收水分，花苗生长干瘪，色泽暗淡，影响花坛效果。

四季秋海棠的花期特别长，江浙一带，春夏季节四季秋海棠在花坛内的花期至少到6月中旬。要保持更长的花

花坛内土壤黏重，四季秋海棠植株干瘪，色泽暗淡，有些枯死缺苗

花坛土壤疏松透气，即便在树荫下的四季秋海棠也生长旺盛，色泽艳丽

期，花坛种植时需要注意种植的株行距，避免种植过密，互相拥挤，尤其6月下旬进入梅雨季节后，遇到气温升高，雨水增多，花苗容易腐烂，缩短花期。目前绝大多数的花坛种植数量过多，尤其是‘比哥’秋海棠更容易造成种植过密，是因为没有重视提供良好的花坛土壤，导致花苗发棵不良，最终影响花坛效果。或是种植过密，导致花苗拥挤，花苗腐烂。种植株行距与土壤条件和花苗的质量有关，需要平时不断地摸索，正确的花坛施工应该重视花坛的土壤，选择优质的花苗，如花苗的整齐度，初花状态的花苗种植，才能发挥花苗的作用，保证花坛的质量。

四季秋海棠花苗种植过密，植株拥挤，遇到高温多雨天气植株容易腐烂

四季秋海棠花坛种植宜采用初花状态的花苗，保持一定的间距，种植整齐

花坛植物的调色板：何氏凤仙

概述

凤仙花科凤仙花属（*Impatiens*），原产非洲东部。本属具有肉质茎，有距花冠，常见的栽培种有3种，即凤仙花、新几内亚凤仙和何氏凤仙。

凤仙花（*I. balsamina*）又名指甲花，为我国的传统花卉，古有记载，民间的宅前屋后常有栽植。凤仙花是典型的一年生花卉，春季播种，夏秋开花，遇霜即枯死。播种至开花时间短，而且自播能力极强，春夏季节，植株周边随处可见自播的苗。植株开花容易，多花性，但由于花生叶腋，花朵埋于叶丛，不利于花坛应用，品种开发很少，市场上并不多见。

何氏凤仙，因其学名（*I. holstii*）而得名，又名非洲凤仙，实际应用的是杂交种（*I.* × *walleriana*），由于不耐霜冻，传统栽培以温室为主，并未列入一、二年生花卉，直到其园艺品种的出现，特别是开花量大、自洁能力强以及花色丰富的品种，特别适合半阴处花坛应用，成为主要

凤仙花

丰富的何氏凤仙园艺品种，色彩亮丽，如同调色板

著名的新几内亚凤仙品种‘桑倍斯’，以其超强的抗性、超长的花期、丰富的花色成为最受欢迎的品种

的花坛植物而发展迅速。

新几内亚凤仙（*I. hawkeri*）株型高大，开花量大，以无性系的品种为主，产品价值高，是主要的盆栽观赏花卉。近年来，随着花坛植物的不断开发，新几内亚凤仙也越来越多地用作花坛植物。由于株型大，花朵健硕，国内称“超级凤仙”。

紧凑型何氏凤仙品种

茂盛型何氏凤仙品种

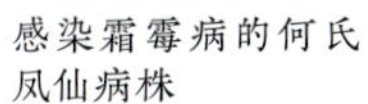

感染霜霉病的何氏凤仙病株

成片感染霜霉病的何氏凤仙病株

园艺品种

何氏凤仙的园艺品种出现在20世纪70年代，以F_1杂交品种为主，发展迅速，品种繁多。品种的最主要特点是花色特别艳丽、丰富，成了花坛景观的极佳花材。作者在1994年从法国引进了园艺品种，在上海公园引起一波何氏凤仙的花卉应用热潮。20世纪90年代后期，国外的园艺品种大量涌入我国，开始在花坛大量应用。

关于何氏凤仙的园艺品种，尽管品种众多，但主要分成两大类，即紧凑型和

抗霜霉病品种‘溢美战神’安然无恙（左边），普通品种染病后完全枯死

茂盛型。紧凑型：株型圆整，枝叶紧凑，产品整齐度高，花坛布置图案感细腻。这样的株型，抗逆性弱，栽培要求高，适合气温较高的季节生产和花园应用。代表品种：‘超级精灵’‘绝地风暴’等。茂盛型：植株生长势旺盛，枝叶舒长，抗逆性强，适合气温偏低的春季或南方地区的冬春生产和花园应用。代表品种：‘重音’‘动能’等。因霜霉病的肆虐，导致欧美地区的花坛中一度难见何氏凤仙的踪影。近年应用的园艺品种主要是那些抗病品种，代表品种如‘溢美战神’，使得何氏凤仙重现辉煌。

何氏凤仙品种的不断丰富，也被广泛应用在容器花园中，如悬挂花篮、花箱盆栽，一些特别的重瓣品种也广受追捧。

在花园中，花坛植物主要追求盛花的亮丽景象，曾经以盆花观赏为主的新几内亚凤仙似乎更能展现这样的景观。园艺品种‘桑倍斯’以其耐直射阳光和超长的花期，更适合在花园内展现其丰富的色彩而风靡全球。

花坛应用

品种选择：何氏凤仙的品种都非常适合花坛应用，品种选择时主要根据气候因素，花坛的立地条件和花坛种植与养护

何氏凤仙的悬挂花篮

何氏凤仙的重瓣品种

‘桑倍斯’新几内亚凤仙株型丰满，花朵密集，色彩艳丽，是极佳的花坛植物

何氏凤仙同一品系不同花色组成的花坛

上海南京西路上的何氏凤仙组成的花坛

水平，选择合适的品种类型。紧凑型的品种，花坛图案效果细腻精美，但对花坛的立地条件、种植与养护水平要求都比较高。茂盛型的品种，通俗地讲是生长势较强的品种，虽然株型不如紧凑型的，但能满足花坛图案景观的要求，并具抗逆性强等优点，建议推荐给我国的花坛种植者。

近年来，我国部分地区有何氏凤仙霜霉病的危害，特别在春末初夏季节，新颖的抗病品种是个不错的选择。需要注意的是，抗病品种在株型上属于生长茂盛类型的品种。

植物配置：何氏凤仙的品种花色丰富，比较适合同品系下的不同花色组成花坛的图案，效果比较一致、协调。花色选择时需要注意不同花色的生长势存在差异，常以橙黄色最强，红色相对较弱，应尽量扬长避短，发挥优势。何氏凤仙花坛配置时常见的问题：与其他种类的配置，往往在质感上容易产生不协调，影响花坛效果；另外，何氏凤仙的花期特别长，花坛内与其配置的花卉难以同步，出现先枯萎的现象。这也是尽量采用何氏凤仙同一品系的品种组成花坛图案的原因。新几内亚凤仙的品种选择同理，但应特别注意，花叶的品种和铜叶的品种不建议同其他品种配置在同一花坛内，会导致花坛图案不协调。

花坛种植：何氏凤仙、新几内亚凤仙是花坛植物中少有的耐半阴的植物，适合处在偏阴场地的花坛布置。这并不表示花坛可以在阴处，过阴的环境会削弱花朵形成，影响花色的艳丽度，何氏凤仙也一样。良好的光照有利于花色艳丽，提高花坛的景观效果。根据何氏凤仙的这个特点，一方面，当花坛处于略阴处，何氏凤仙是个不错的选择；另一方面，为了让何氏凤仙在阳光下正常生长、开花，对种植地的土壤要求较高，

何氏凤仙花期长，种植50天后，与其搭配的花卉会先枯死，影响花坛的效果

何氏凤仙在偏阴处的花坛布置

疏松、透气的土壤，通风良好，湿润的环境，有利于何氏凤仙的健康生长。

何氏凤仙种植的苗龄宜早不宜晚，以初花时最佳。何氏凤仙的生长、开花迅速，从初花进入盛花，有时只需几天，当我们看到花材在苗圃已经盛花时，其实已经延误了最佳种植的苗龄。过盛的花苗，运输过程花朵就容易掉落，造成种植后的花坛内花朵数量少，花苗恢复慢，需要等待下一波开花，往往削弱了花坛的预期效果。

花坛植物的新贵：天竺葵

概述

牻牛儿苗科天竺葵属（*Pelargonium*），原产南非、好望角一带，有280余种。小枝粗壮，半肉质，单叶互生，枝叶被腺毛；伞形花序，球形，花柄长。世界各地均有栽培，盆栽观赏是主要用途，布置各种容器花园、窗台、阳台。有些品种特别适合花坛应用，其鲜艳的红色，硕大的花朵在花坛植物中独领风骚。天竺葵用于花坛，是种子繁殖的园艺品种诞生，使天竺葵的产量大大增加，从而促进了新品种的不断出现，加上天竺葵的特质不同于普通花坛植物，显有贵气，已成了十分重要的花坛植物。

园艺品种

园艺分类主要分成4大类：①马蹄纹天竺葵类（zonal geranium），因叶面具褐色的马蹄纹环而得名，是应用最广的类型。代表种：天竺葵（*P.* × *hortorum*），是花坛应用中最重要的种类。②大花天竺葵（regal geranium），叶缘锯齿尖而密集。代表种：大花天竺葵（*P.* × *domesticum*），花朵大而

天竺葵（*P.* × *hortorum*）

大花天竺葵（*P.* × *domesticum*）

藤本天竺葵（*P. peltatum*）

重瓣藤本天竺葵

菊叶天竺葵（*P. gavedens*）

豆蔻香天竺葵（*P. odoratissimum*）

密集，花期集中盛放而异常美丽，适合盆花观赏。③藤本天竺葵（ivy geranium），枝条蔓生，盾形叶，叶形似常春藤而得名。代表种：藤本天竺葵（*P. peltatum*），有如开花的常春藤，成为悬挂花篮和窗台花槽的主要花材。④香叶天竺葵（scented geranium），叶片浓密的腺毛，具有甜香宜人味道。代表种：菊叶天竺葵（*P. gavedens*），叶羽状深裂，呈菊叶形。豆蔻香天竺葵（*P. odoratissimum*），全株密被茸毛，茎节间短。叶卵圆形，波缘，具长柄，有柠檬香味。

天竺葵是花坛应用的主要种类，园艺品种有种子类和无性系类。种子类品种绝大多数为F_1杂交品种，种子芽率高，植株整齐一致，花量大，花色丰富，有玫红、粉红、

切尔西花展上的天竺葵园艺品种

‘中子星’天竺葵，花苗的整齐度非常高

天竺葵丰富的花色：猩红、玫红、粉红、红色、珊瑚红、紫罗兰、紫色、淡紫、白色、玫红心斑、猩红心斑

‘龙卷风’天竺葵花箱应用效果

无性系的天竺葵（一）

鲑红、淡紫和白色，特别适合花坛配置。代表品种：‘中子星’（‘Pinto’）、‘地平线’（‘Horizon’）等，植株健壮，花朵大，猩红色，鲜艳亮丽，2010年前后开始在我国的花坛上广泛应用。

藤本天竺葵是另外一个具有种子繁殖品种的种类，代表品种：‘龙卷风’（‘Tornado’），分枝性强，多花性，特别适合花箱和悬挂花篮应用。

无性系的天竺葵（二）

种子类的天竺葵

天竺葵的无性系品种，许多为种间杂交品种（*P.* × *interspecific*），保持着其强壮的株型，硕大的花朵，观赏性极强，而非种子繁殖的品种能比拟，尤其在盆栽观赏和容器花园的应用方面有着独特的优势。代表品种：盆栽类型的有‘萨利塔’‘大草原’；藤本类型的有‘瀑布’。

花坛应用

品种选择：花坛应用宜选择株型整齐度高、开花量多而密集的品种，种子繁殖的品种相对比较适合。无性系的品种尽管在观赏性和抗逆性方面有优势，但花坛布置选用种子繁殖的优质品种，如‘中子星’‘地平线’等较易获得良好的效果。这也是种子繁殖的品种仍然占有约40%的天竺葵市场的原因。

种子类品种在花坛内第一批开花整齐，效果极佳，但由于残花会滞留植株，影响观赏效果，不及时摘除，会严重影响第二波开花，花坛的观赏效果明显下降。无性系的天竺葵品种，具有抗逆性强，生长期短，开花早，开花量多的特点。由于不需要结籽，残花自洁能力强，有利于持续开花，保持更长的花坛观赏效果。

植物配置：天竺葵作为花坛植物配置，首选天竺葵同品系的不同花色配置成花坛图案。这是因为其体形，包括花朵均略大于普通的花坛植物，在质感与形态上显得有些贵气。因此，花坛植物配置与其他种类的搭配需要特别注意协调性。只有当需要特定花色时，如黄色等天竺葵缺乏的色彩，与其他种类的搭配才是必要的。配置其他花卉种类时，形态、质感协调一致是关键，如黄色，采用万寿菊比孔雀草好些。花色配置中天竺葵的红色，通常指猩红色，色彩鲜艳亮丽；同一品系往往也有红色，却会略显暗些，差别细小，需要注意选对色彩。国内外的统计，猩红色作为红色使用比例最高，达80%以上，这一点有些类似于一串红的红色。

花坛种植：天竺葵是强喜光的花

种子类品种的天竺葵花坛应用

种子类品种的天竺葵玫红整齐度高

无性系品种的天竺葵玫红的整齐度略逊于种子类品种

天竺葵的第一波花，花坛效果大气磅礴，尤其是猩红色

天竺葵的残花

及时除去天竺葵的残花，可延长花坛的良好效果

天竺葵不同花色配置的花坛，植株的质感和株型比较容易协调一致

天竺葵与万寿菊配置的花坛，是红色与黄色的经典配置

树荫下的天竺葵生长瘦弱，花朵变小，花量减少

天竺葵花坛种植初期应保持空隙

天竺葵种植时，花苗徒长与进入盛花的万寿菊不同步，花坛图案不协调

天竺葵与万寿菊的苗龄相当，株型相近，花坛图案易协调

天竺葵的红色、万寿菊的黄色，与何氏凤仙丰富的花色形成色彩斑斓的花坛图案

卉，种植场地一定阳光充足，才能保证其花开不断，延长观赏期。选择初花状态的花苗，通常只有一个花序露色、开放；株型大小均匀，分枝性强，即拥有多个花蕾的花苗，才能做到种植整齐。天竺葵的种植整齐度可以通过种植密度和排列方式来达到。天竺葵的株型较大，分枝性强，需要适当的生长空间，如采用14cm盆径的健康花苗，种植密度在每平方米16～20株。种植排列宜采用梅花型，即交叉对齐的方法，植株的镶嵌度高，易形成一体化的色块，增强花坛的图案感和整齐度。

步步登高，节节开花：百日草

概述

菊科百日草属（*Zinnia*），分布在以墨西哥为中心的邻近地区。约20种。叶对生，无柄，全缘叶，叶基三出脉；头状花序顶生，花柄长。本属主要为栽培种，除百日草（*Z. elegans*）外，还有小朝阳（*Z. angustifolia*），可以布置花坛，亦可作切花等。

园艺品种

园艺品种主要按花径、株高变化进行划分：

①高茎类大花型：株高90～120cm，花径15cm左右。代表品种‘加州巨人’（‘California Giant’）。

②中茎类中花型：株高60～90cm，花径8～10cm。代表品种‘大理’（‘Dahlia’）。

③矮茎类小花型：株高15～40cm，多花性，花径3～5cm。代表品种‘丰盛’（‘Profusion’），有单瓣和重瓣两个系列，矮生，分枝性强，多花性，花色丰富，耐热，适合夏季花园应用。

④矮茎类中花型：俗称矮生大花品种，株高15～40cm，花径8～10cm。代表品种有‘梦境’（‘Dreamland’）、‘麦哲伦’（‘Magellan’），株高20～25cm，矮生，植株圆整，花重瓣性强，花色丰富。耐热，适合花坛布置。

百日草的各种园艺品种

百日草矮茎类品种与高茎类品种

百日草品种‘小朝阳’

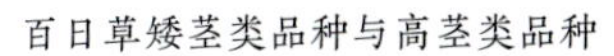

‘大理’是百日草籽播自然花甸的主流品种

矮生小花型百日草品种‘丰盛’

矮生中花型百日草品种‘麦哲伦’

花坛应用

品种选择：百日草尽管花色、品种非常丰富，但用作花坛首选矮生、花朵大、重瓣性强的品种，即矮茎类中花型品种，俗称矮生大花品种。如‘麦哲伦’，由于是为F_1代杂交品系，株型整齐，花色丰富，容易组成花坛图案，是夏秋季节难得的花坛品种。目前可用的品种并不多，传统的‘梦境’，后来的‘麦哲伦’以及最近的‘宝石’。品种的优化主要体现在早花性、不同花色花期的一致性、株型的紧凑性等影响花坛效果的重要特性。

植物配置：百日草花型特色明显，花色丰富，用矮生大花品种的不同花色配置花坛比较容易成功。百日草花色配置时要特别注意色彩的对比协调，增强图案感。

多花性品种，花坛应用时由于枝叶生长旺盛会影响花坛的图案效果，花坛养护时应注意控制水分，保持紧凑的株型，花坛效果较好，常用的品种如‘丰盛’（‘Profusion’），其重瓣品种更易形成花坛图案效果。

花坛种植：百日草的花坛种植多在气温较高的夏秋季节，花苗初花到盛花只需几天，变化很快。因此，选择初

百日草花型与花色

重瓣型（平展型） 反卷型（鸵羽型） 纽扣型 大丽花型 单瓣型

托桂型 猩红 红色 亮玫红（殷桃红） 玫红

粉红 亮黄 金黄 橙黄

浅绿 白色 复色 斑纹色

矮生大花类品种的紧凑型品种筛选，左边的品种明显强于右边的品种

百日草红色与黄色配置的花坛

百日草白色与红色的花坛图案效果明显

多色彩的花坛图案，百日草都能满足，整体协调性强

百日草小花品种，首选重瓣丰花型品种配置的花坛效果佳

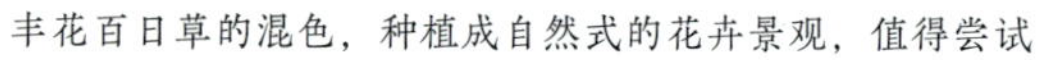

丰花百日草的混色，种植成自然式的花卉景观，值得尝试

当苗圃里的百日草花蕾开始露色，是出圃和进行花坛种植最佳的时机

百日草的花坛种植密度以保持植株间有生长的空隙为好

种植技术良好的百日草花坛呈现出极佳的效果，主要体现在：花坛的地形平整、饱满；花苗种植整齐度极高，包括花苗的大小序列，每朵花的朝向；色彩板块边缘清晰可辨，线条流畅

花期的花苗非常重要，宜早不宜晚。生长过盛的花苗种植后恢复慢，对整齐度也会有影响。

种植密度的把握是百日草种植的关键技术，要求花苗健壮，基部分枝多。通常通过摘心来控制高度，增加分枝数。百日草生长很快，由于种植宜早，花坛内需要留有生长空间，一般12cm盆径的花苗，每平方米16～25株。

种植整齐是保证花坛图案效果的关键。百日草花苗到达花坛施工现场后，种植前和种植过程中需要对花苗进行快速的分拣和处理。即便是优质的花苗，同一批次中还是会出现相对的大小苗，有经验的种植师傅能在卸车时和种植过程中及时分拣，尽量将花苗有序地种植，如从大到小有序种植，避免出现大小混种，影响整齐度。另外，百日草的花朵较大，植株花朵具有一定的方向性，种植时需要注意保持一致性，显得更为有序。

百日草是强喜光花卉，种植场地必须阳光充足，在树荫下，百日草生长瘦弱，遇到雨水会很快枯萎，影响花坛的效果。百日草又名步步登高，意思是开花枝的最上部的叶腋会抽生下一波花，长长的花梗会超出上一波花的高度，就这样一波一波向上。因此前一波的残花能被遮掩，但是株型整齐度就差了。需要注意的是第一波花的枯萎过程会较慢，并消耗大量养分，大大延迟下一波花的展开。百日草在秋季的花坛，由于后期的温度下降，下一波就无法开放。

阳光下的百日草，开花量大，花色艳，观赏期长

树荫下的百日草，遇雨水后枝叶容易腐烂，花色暗淡且容易枯萎

当百日草花朵开始枯萎时，需要及时摘除，促使残花周围的花蕾竞相开放，延长花坛的观赏期

因此，如果能够及时摘除那些枯萎的残花，可以提前开出下一波花，延长百日草的花坛效果。

朴实的夏季花坛植物：鸡冠花

概述

苋科青葙属（*Celosia*），原产亚洲热带地区，本属50种，普遍栽培的鸡冠花是一种传统花卉。小枝粗，多棱，粗糙；花柄肥大，穗状花序，呈鸡冠形而得名。园林用途很广，可作花坛、花丛背景、盆栽、切花及干花等。

园艺品种

英国皇家园艺学会将鸡冠花分成3个栽培组。

凤尾鸡冠（plumosa group)

又名羽状鸡冠、火炬鸡冠。花序呈羽毛状，穗状花序聚成塔状圆锥形。主要花色有红、橙黄、橙红、大红、黄和各种花色的混合。

①矮茎类（dwarf p1umosa types)：平均株高25cm，主要用作花坛及盆栽。代表品种有‘和服’（‘Kimono’），为观赏性很强的矮生凤尾鸡冠花，株高约25cm。适合作盆栽和花坛。‘彩烛’（‘Yukata’），极矮生，小盆趣味性观赏应用。

②高茎类（tall p1umosa types)：株高30cm以上，有紫叶类品种。主要用作花坛、花丛的背景、切花等。代表品种有‘世纪’（‘Century’）、‘新视野’（‘New Look’）、‘闪亮火花’（‘Bright Sparks’）、‘赤壁’（‘Chi Bi’）等。

球头鸡冠（cristata group）

穗状花序着生于肉质膨大的花托上，形似鸡冠。主要花色有红、橙黄、橙红、大红、黄和各种花色的混合。

①矮茎类（dwarf cristata types)：平均株高25cm，主要

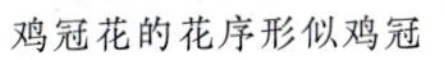

鸡冠花的花序形似鸡冠

‘和服’凤尾鸡冠

‘彩烛’鸡冠

‘彩烛’鸡冠制成的生日蛋糕，趣味十足

‘世纪’凤尾鸡冠

‘闪亮火花’凤尾鸡冠

用作花坛及盆栽。代表品种有‘阿米哥’（‘Amigo’）、‘宝盒’（‘Jewel Box’）。

②高茎类（tall cristata types）：株高30cm以上，花朵硕大。主要用作花坛、切花和干花。

麦穗鸡冠（spicata group）

花序麦穗状，无膨大的花托。目前实际应用较少。主要用作盆栽和干花。代表品种：‘Flamingo Feather’，花淡粉红色；‘Pink Candle’，花深粉红色。

‘赤壁’凤尾鸡冠

花坛应用

品种选择：目前鸡冠花市场上还没有F_1杂交品种，花坛应用的园艺品种整齐度是关键指标。矮生羽状鸡冠是首选，如‘和服’鸡冠是经久不衰的品种，具有株型矮壮，整齐一致，花色丰富等符合花坛应用的优势，被广泛应用。其次，要注意品种的生长势和抗逆性，以保持花坛效果的持久性。‘世纪’鸡冠，尤其是红花红叶的品种，因为早花性，不仅花期长，抗性也强。再次，同品种不同花色间，抗性强弱会不同，主

‘宝盒’球头鸡冠

‘Flamingo Feather’麦穗鸡冠

‘和服’鸡冠组成的花坛，株型整齐一致，图案感强

‘世纪’鸡冠组成的花坛，红叶红花品种尤为抢眼

2021年6月8日进入盛花的‘和服’黄色

2021年6月30日黄色褪色严重

要表现在高温胁迫下，花色会有褪色现象。品种选择时需要注意，可以将不同品种中抗性相对强的花色进行组合，配置成效果一致的花坛图案。

植物配置：鸡冠花配置花坛时尽量采用其优势色，并与质感相近的其他花卉品种配置，以取得良好的色彩搭配和图案效果。鸡冠花的质感偏粗犷，与孔雀草、一串红比较接近。可以利用孔雀草的黄色、一串红的白色，

‘世纪’鸡冠的红叶红花与白色一串红组成的花坛，图案明快

‘和服’鸡冠与孔雀草配成的花坛，花色和质感比较协调一致

同一品种的鸡冠花组成的花坛，花色、株型和花期整齐一致，群体效果明显

配置成色彩互补的图案。当然，采用同品种系列的色彩组合仍然是比较稳妥的方法，只要花苗质量好，效果比较容易把握。

花坛种植： 鸡冠花的种植宜选择初花期的苗，这样花苗恢复生长快，抗性强，后续生长旺盛。花坛种植需要整齐度，有助于体现花坛的规则整齐的特质。鸡冠花的不同品种，其株幅差异很大，保持合适的种植株型是非

上海辰山植物园的鸡冠花花坛，种植间距合适，整齐度高，花坛效果佳

‘赤壁’鸡冠与丰花百日草套种，填补了鸡冠花种植早期的空隙，红色的叶片亦可观赏

常有挑战的，需要了解每个园艺品种的特性。如‘世纪’和‘新视野’是两个株高相仿的品种，‘新视野’会晚花些，但株幅会大些，种植时就要留大些的株行距。株幅最大的‘赤壁’鸡冠，$1m^2$ 1棵，或$2m^2$ 3棵才能展现其真正的风采。一般株幅大的会晚花，如‘赤壁’鸡冠的盛花期要在种植后的4个月，常常到了10月下旬或11月上旬。种植初期会出现很大的空隙，而且需要较长的时间。因此，混合套种是一个解决方案，如种植初期，常在6~7月可以同丰花百日草混合套种。到了后期，随着‘赤壁’鸡冠旺盛地生长，会将丰花百日草覆盖掉，形成‘赤壁’鸡冠独特的风采。

‘赤壁’鸡冠旺盛生长后，能将丰花百日草逐步覆盖，形成‘赤壁’鸡冠景色

夏秋花坛植物新秀：长春花

概述

夹竹桃科长春花属（*Vinca*），分布在亚洲东南部热带邻近地区，我国的海

南也有分布。约8种，长春花（*V. rosea*）是花坛应用的栽培种。多年生草本，枝条内有白色乳汁，小心有毒，茎基部木质化。常作一年生栽培，枝条起初直立，后期略呈蔓性生长。叶对生，无柄，椭圆形，全缘叶，叶脉呈白色；花朵单生或集生枝顶叶腋；花冠高脚碟型，5裂，平展；花色浅紫，栽培品种花色丰富，包括玫红色、粉红色、白色等。

园艺品种

园艺品种主要按株型变化和抗病性进行划分。

①直立型：株高20 ~ 25cm，株型紧凑，分枝性强，多花性。常规品种‘清凉’（‘Cooler’）；‘太平洋’（‘Pacifica’）、‘太阳风暴’（‘Sunstrom’）。抗病品种为F_1代杂交品种，是指植入了抗病基因的园艺品种，是长春花栽培品种的一个突破，代表品种：‘卡拉’（‘Cora’），‘太阳能’（‘Solar’），花色与常规品种一样，非常丰富，包括红色、酒红色、粉红色、杏色、淡紫色、紫罗兰色和白色等。

②蔓生型：株高20 ~ 25cm，但枝蔓可以延伸至50 ~ 60cm。常规品种‘地中海’（‘Mediterranean’），有红色、玫红色、桃红色、白色等7个花色。同直立型一样，也有F_1代杂交抗病品种，代表品种‘卡拉瀑布’（‘Cora Cascade’），有樱桃红、紫罗兰色、丁香紫色、白色等5种花色。

长春花的园艺品种，株型紧凑

长春花的传统本地品种，株型松散，但抗病性极强

长春花直立型品种，花色丰富

长春花抗病品种，花色同样丰富

花坛应用

品种选择：长春花花坛应用需选择直立型品种，普通直立型品种基本能满足花坛布置的需求。以株型紧凑，分枝性强，多花密集，花色丰富为佳。夏季高温多雨的地区，长期受疫病的危害，是长春花花坛应用的最大阻力。抗病性品种是解决病害困扰的理想选择，常见的抗病品种，如‘卡拉’（‘Cora’），已普遍应用。花坛布置要避免使用蔓性品种，如‘地中海’（‘Mediterranean’）等。蔓性品种主要用于悬挂花篮、容器花坛的边缘配置。

长春花蔓性品种，适合悬挂花篮应用

植物配置：长春花花色丰富，是花坛布置的最大优势之一，每个品种系列具有不同花色，可以满足花坛图案的配置，只要使用长春花的某个品种，采用其不同的花色，包括白色，就能组成花坛的图案，花坛的效果比较容易体现。花坛布置可以单色配置图案，也可以混色应用。

花坛种植：长春花主要用于气温较高的夏秋季节，

长春花直立型品种规模化生产

长春花的园艺品种色彩丰富，混色花坛应用效果好

长春花疫病，传染性强

上海源怡种苗展示花园内的花坛长春花‘溢美战神’，采用初花期种植，保持了良好的株行距

经历了2023年高温多雨的夏季，花坛内的长春花安然无恙，没有病害的困扰，于“国庆”前夕就展现了良好的效果

尤其湿度较大的地区，疫病危害严重，传染性强，使用者常望而却步。因此，长春花花坛应用并不多见。尽管育种技术已有了重大突破，抗病性品种早已有之。花坛中依然难见长春花的踪影，这与长春花花苗种植有关，需要注意以下5个关键技术。

首先，选用优质的抗病园艺品种，如最新的‘烈焰战神’。其次，花坛种植土壤的消毒，清除病害源；疏松的种植土壤有利于长春花生长，尤其是根系的健康生长，保持植株健康其抗病性自然就增强。第三，长春花种植宜早不宜晚，是指种植时宜选择花苗的半成品，即植株刚出现花蕾、尚未开放花的苗龄。这样有利于花苗的根系扎入花坛土壤，生长势强，抗病能力也强。第四，保持通风，是减少病害危害的关键之一，我们常见的本地原生的品种没有病害的侵扰，其株型相对比较松散，比起最新株型紧凑的品种更抗病。种植稀疏，避免种植过密是有效方法。第五，及时喷洒预防性的药剂，对易发病的地区或季节是非常必要的，比较有效的药剂如2000倍的优绘结合3000倍卉友在高温高湿场地喷洒一次就有防治效果。

冬季花坛植物之王：三色堇（角堇）

概述

堇菜科堇菜属（*Viola*），原产欧洲，本属50种，叶片基生状，叶柄明显，叶缘锯齿圆钝；花两侧对称，萼片中生。早春观花，花色丰富，最新的园艺品种，花期可提前自前一年的秋季，在上海及长三角地区可持续开花到第二年的春末，花期长达半年之久。园林绿地中主要栽培有三色堇（*V.* × *wittrockiana*）和角堇（*V. cornuta*），是冬季花坛植物之王。尤其是用于冷凉季节的花坛。大花品种可盆栽或作组合盆栽及花钵栽种。小花品种也可用于岩石园及作悬挂花篮。

园艺品种

按花径大小分类

①微花型：花径2cm以下，非常适合花坛应用。代表品种：‘小钱币’（‘Penny’），多花性，株幅大，花色丰富。

②小花型：花径2～4cm，花坛应用。代表品种：‘超凡’（‘Grandissimo’），观赏性极强。

③中花型：花径4～6cm，适合花坛布置。代表品种：‘天空’（‘Sky’）。

④大花型：花径6～8cm，适合花坛及组合盆栽应用。代表品种：‘得大’

三色堇

角堇

三色堇的悬挂花篮，采用的是特别的蔓生性品种

角堇的蔓生性略强，比较容易制作悬挂花球

微花型品种

小花型品种

中花型

大花型

（‘Delta’），是传统的大花品种，花期早，花色丰富。

⑤巨花型：花径8～10cm，适合花坛及盆栽应用。代表品种：‘巨人’（‘Colossus’），为巨花型F_1代杂交三色堇品种，花朵巨大，花期早，耐热性强。

按花色类型分

①斑色系（blotched faces）：花瓣基部有较大的深色斑纹。

②纯色系（pure faces）：花瓣单色，无异色斑纹。

③翼色系（winged faces）：花朵上方2枚花瓣异色。

④花脸系（colored faces）：花朵中

斑色系　纯色系　翼色系　花脸系　花边系

三色堇（右边）花朵大，花量少；角堇（左边）花朵小，花量大，更易形成花坛的图案效果

用了三个原色——红色、蓝色和黄色的三色堇组成的花坛，由于三色堇的红色色泽暗淡，并没有出现色彩对比强烈、图案清晰的效果

角堇配置花坛时，尽量避免使用红色，花坛的色彩效果会好些

早春时节可以采用与角堇相配的红色品种，如红色的四季秋海棠，使花坛的色彩更加亮丽

角堇的混色中因为去掉了暗淡的红色，色彩明亮鲜艳

角堇基部埋着郁金香的种球，冬季花坛内的角堇，色彩斑斓

早春，郁金香从角堇间隙萌发、生长，在角堇的陪衬下盛开，形成了不一样的景色

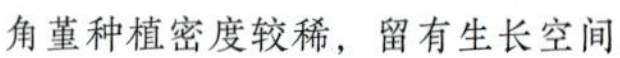

角堇种植密度较稀，留有生长空间

央沿深色斑纹有一圈浅色花纹。

⑤花边系（pieotted faces）：花瓣边缘异色，呈花边状。

花坛应用

品种选择：无论三色堇还是角堇，都具有丰富的花色，完全能满足花坛配置各种图案的需求。二者的区别主要在花朵的大小和植株分枝性的差异。我国与其他市场一

角堇与球根花卉风信子套种

角堇在良好的生长环境下，可以形成健康的植株，花园表现非常出色

样，自20世纪90年代引进园艺品种，人们首先选择大花品种的三色堇。由于能在上海及以南地区冬季露地开花观赏，迅速流行起来，成为花坛植物用量最大的种类。这种情况一直持续了近20年，直到2015年前后，人们开始接受小花型的角堇。角堇的园艺品种，不仅有三色堇的各种优点，并且其花期更长，花量多，花盖度高，更容易满足花坛图案的效果，被更广泛地应用于花坛。

植物配置：冬季花坛几乎没有其他品种能与三色堇或角堇搭配成花坛图案。值得注意的是三色堇和角堇的红色都比较弱，色泽暗淡，容易褪色，枯萎也早。因此，花坛植物品种配置时尽量避免使用红色。在一些暖冬地区（不低于-5℃）可以用欧洲报春的红色，来弥补花色的不足。

角堇的株型低矮，花朵小而密集，非常适合与郁金香等球根花卉套种。这样的花卉配置可以使得花坛的冬季和早春形成一波花期，到了春末，郁金香等球根花卉相继展示，形成冬春季节不一样的风景。

花坛种植：选择健壮的花苗是关键，特别是夏秋季节培育的花苗。花苗的苗龄并不十分严格，优质的花苗除了株型紧凑、分枝多，还要特别留意根系的完好。这与花苗的盆栽用土质量关系密切。种植者想降低生产成本而使用劣质土壤，结果适得其反，产生了许多生长瘦弱的病态苗。种植的株行距以10cm口径的盆栽苗，大多数为了即时效果，每平方米会种到49棵。三色堇尤其是角堇的生长能力和续花能力均很强，适当保持些生长空间非常必要，建议每平方米25～36棵。

三色堇和角堇的花坛种植，一般在秋季进行，有些甚至10月初就开始花坛种植了。气温高的时候种植较为困难，对于花苗的质量要求较高。而越是凉爽的气候越容易得到优质的种苗，所以季节越凉爽，种植越容易。但在霜冻季节，气温过低的寒冷冬季不建议种植。北方低温地区，冬季长期处在-5℃以下，建议早春温室育苗，土壤解冻后才能在花坛种植。

05 常用花坛植物图谱

根据习性判断花坛植物的栽培类型

开发更多的花坛植物种类，首先要判断种类的栽培类型，判断的依据是植物的习性，主要是对温度的要求。花坛植物根据花卉的习性，主要指一、二年生花卉类，即花卉栽培意义上的生活史都在一年完成的花卉。因为习性的不同，主要是对温度要求的不同，分成了两类不可混淆的栽培类型：

一年生花卉（annuals）：指不耐寒，即冬季最低温度在5℃（遇霜枯死），对夏季高温有一定的适应性，包括开花温度，常在25~30℃，甚至35℃。因此，这类花卉从播种、小苗生长、开花直至枯死，在同一年内完成。日常工作中，主要在春、夏季节播种育苗，当年的夏、秋季节植株开花，花园应用。现将常见的种类介绍如下。

图例说明：

花期，标色的月份表示开花期

1	2	3	4	5	6	7	8	9	10	11	12

耐寒性：耐寒　半耐寒　不耐寒

光照：全光照、阳性　半阴性　耐阴

香彩雀

车前科

Angelonia angustifolia

1	2	3	4	5	6	7	8	9	10	11	12

彩叶草

唇形科

Coleus blumei

1	2	3	4	5	6	7	8	9	10	11	12

大丽菊

菊科

Dahlia × *hybrida*

1	2	3	4	5	6	7	8	9	10	11	12

嫣红蔓（银叶）
爵床科
Hypoestes phyllostachya
1 2 3 4 5 6 7 8 9 10 11 12
嫣红蔓（红叶）
爵床科
Hypoestes phyllostachya
1 2 3 4 5 6 7 8 9 10 11 12
地肤
藜科
Kochia scoparia
1 2 3 4 5 6 7 8 9 10 11 12
五星花
茜草科
Pentas lanceolata
1 2 3 4 5 6 7 8 9 10 11 12
桔梗
桔梗科
Platycodon grandiflorus
1 2 3 4 5 6 7 8 9 10 11 12
半支莲
马齿苋科
Portulaca grandiflora
1 2 3 4 5 6 7 8 9 10 11 12
宽叶马齿苋
马齿苋科
Portulaca oleracea
1 2 3 4 5 6 7 8 9 10 11 12
蓝花鼠尾草
唇形科
Salvia farinacea
1 2 3 4 5 6 7 8 9 10 11 12
夏堇
玄参科
Torenia fournieri
1 2 3 4 5 6 7 8 9 10 11 12

二年生花卉（biennials）：指耐寒，冬季最低温度在0℃以下（一般可以耐受-5～-10℃）；半耐寒，冬季最低温度在0℃。我国长江中下游地区，需要保护越冬。这类花卉需要低温春化，以促进花芽分化，开花良好。一般来讲，对低温春化要求越高，其对高温就越不适应，开花适宜温度，常在10～15℃；而半耐寒的种类，开花适宜温度，常在15～25℃。这类花卉对夏季高温极不适应，当气温超过30℃，植株便会枯死。因此，这类花卉从播种，小苗生长，开花直至枯死，需要跨年度完成。日常工作中，主要在秋季播种，小苗生长越冬，翌年早春或春夏开花，花园应用，遇夏季高温，植株枯死。现将常见的二年生花卉种类介绍如下。

雏菊
菊科
Bellis perennis
1 **2** **3** **4** **5** 6 7 8 9 10 **11** **12**

羽衣甘蓝（羽叶）
十字花科
Brassica oleracea var. *acephalea* f. *tricolor*
1 **2** **3** **4** 5 6 7 8 9 10 **11** **12**

羽衣甘蓝（波叶）
十字花科
Brassica oleracea var. *acephalea* f. *tricolor*
1 **2** **3** **4** 5 6 7 8 9 10 **11** **12**

羽衣甘蓝（皱叶）
十字花科
Brassica oleracea var. *acephalea* f. *tricolor*
1 **2** **3** **4** 5 6 7 8 9 10 **11** **12**

金盏菊
菊科
Calendula officinalis
1 **2** **3** **4** **5** 6 7 8 9 10 **11** **12**

黄晶菊
菊科
Chrysanthemum multicaule
1 2 3 4 5 6 7 8 9 10 11 12
白晶菊
菊科
Chrysanthemum parthenium
1 2 3 4 5 6 7 8 9 10 11 12
瓜叶菊
菊科
Cineraria cruenta
1 2 3 4 5 6 7 8 9 10 11 12
异果菊
菊科
Dimorphotheca sinuata
1 2 3 4 5 6 7 8 9 10 11 12
伞形屈曲花
十字花科
Iberis umbellata
1 2 3 4 5 6 7 8 9 10 11 12
半边莲
半边莲科
Lobelia erinus
1 2 3 4 5 6 7 8 9 10 11 12
香雪球
十字花科
Lobularia maritima
1 2 3 4 5 6 7 8 9 10 11 12
勿忘草
紫草科
Myosotis syvatica
1 2 3 4 5 6 7 8 9 10 11 12
花毛茛
毛茛科
Ranunculus asiaticus
1 2 3 4 5 6 7 8 9 10 11 12

一年生花卉与二年生花卉的区别主要依据是花卉对温度要求的不同，因此，其栽培类型和观赏的花期（花园的花坛应用）均有地区性，具体需要根据当地的气候类型和季节的温度条件，进行判断、观察后得出本地区的花期和栽培方式。本书是以我国长江中下游地区为例。我们可以通过保护地栽培，将一年生花卉在冬季或早春育苗，这样可以将原本夏秋开花的品种，在春季花园中应用。但是，我们不会将二年生花卉在春季育苗，将原本冬春开花的品种在夏季花园内应用。同样的，在华南地区，对低温春化要求高的品种就难以取得好的效果；在华北、东北等寒冷地区，就很难有小苗可以露地越冬，通常将二年生花卉在早春，利用保护地内育苗，利用春季的低温完成春化，然后晚春初夏才是其观赏期。

根据形态确定花坛植物的应用形式

花坛植物种类的丰富，特别是园艺品种的不断涌现，其花园应用的方式也在变化与拓展。园艺品种的形态特征，确定了其应用的形式。花坛花卉的园艺品种以株型低矮、一般不超过40cm、枝叶密集、花盖度极高为特征，所谓的十大花坛花卉都具备这些典型特征。随着育种技术的发展，新的园艺品种，也包括了新的株型，如矮牵牛出现了蔓性下垂的品种，鸡冠花出现了高茎类的品种等，这些品种虽不适合传统的平面模纹花坛，但为花坛形式的变化创造了条件，如花丛花坛、主题花坛以及各种容器花园的应用形式，使得花坛植物得到了空前的发展。花坛植物应用形式的变化主要根据园艺品种的形态来确定，主要类型介绍如下。

直立型：指株高在60cm 以上，往往具有长条形的总状花序，常种植在花丛花坛，或花箱、花槽的中间，作为骨架花卉，相当部分品种还作切花品种应用。常见种类：

蜀葵
锦葵科
Althaea rosea

1	2	3	4	5	6	7	8	9	10	11	12

金鱼草
玄参科
Antirrhinum majus

1	2	3	4	5	6	7	8	9	10	11	12

七里黄
十字花科
Cheiranthus allionii

1	2	3	4	5	6	7	8	9	10	11	12

桂竹香
十字花科
Cheiranthus cheiri
醉蝶花
白花菜科
Cleome spinosa
飞燕草
毛茛科
Consolida ajacis
大花翠雀
毛茛科
Delphinium grandiflorum
毛地黄
玄参科
Digitalis purpurea
千日红
苋科
Gomphrena globosa
千日红（应用）
苋科
Gomphrena globosa
柳穿鱼
玄参科
Linaria moroccana
多叶羽扇豆
豆科
Lupinus polyphyllus

矮生型：指植株低矮，一般不超过40cm，往往花朵密集，呈扁平球形，适合盛花的平面模纹花坛，部分花朵大、重瓣性或花形奇特的也作盆花应用。常见种类：

银叶菊
菊科
Cineraria maritima
1 2 3 4 5 6 7 8 9 10 11 12
倒提壶
紫草科
Cynoglossum amabile
1 2 3 4 5 6 7 8 9 10 11 12
石竹
石竹科
Dianthus chinensis
1 2 3 4 5 6 7 8 9 10 11 12
杂交石竹
石竹科
Dianthus interspecific
1 2 3 4 5 6 7 8 9 10 11 12
勋章菊
菊科
Gazania splendens
1 2 3 4 5 6 7 8 9 10 11 12
彩星花
桔梗科
Laurentia axillaris
1 2 3 4 5 6 7 8 9 10 11 12
美兰菊
菊科
Melampodium paludosum
1 2 3 4 5 6 7 8 9 10 11 12
冰花
番杏科
Mesembryanthemum crystallinum
1 2 3 4 5 6 7 8 9 10 11 12
猴面花
玄参科
Mimulus luteus
1 2 3 4 5 6 7 8 9 10 11 12

幌菊
田基麻科
Nemophila menziesii
南非菊
菊科
Osteospermum ecklonis
福禄考
花葱科
Phlox drumnondii
福禄考（星花）
花葱科
Phlox drumnondii
欧洲报春
报春花科
Primula acaulis
报春花
报春花科
Primula malacoides
四季报春
报春花科
Primula obconica
多花报春
报春花科
Primula polyantha
澳洲狐尾
苋科
Ptilotus exalfatus

垂吊型（蔓生型）：指枝条蔓性生长，花朵密集，多花性，适合垂吊花篮（花球）应用，有些藤本类的品种常设立支架，整形观赏应用。常见种类：

槭叶茑萝
旋花科
Ipomoea multifide
1 2 3 4 5 6 7 8 9 10 11 12
牵牛
旋花科
Ipomoea nil
1 2 3 4 5 6 7 8 9 10 11 12
羽叶茑萝
旋花科
Ipomoea quamoclit
1 2 3 4 5 6 7 8 9 10 11 12
香豌豆
豆科
Lathyrus odoratus
1 2 3 4 5 6 7 8 9 10 11 12
冠子藤
车前科
Lophospermum 'Great Cascade'
1 2 3 4 5 6 7 8 9 10 11 12
过路黄
报春花科
Lysimachia nummularia
1 2 3 4 5 6 7 8 9 10 11 12
紫钟藤
玄参科
Rhodochiton atrosanguieus
1 2 3 4 5 6 7 8 9 10 11 12
智利喇叭花
茄科
Salpiglossis sinuata
1 2 3 4 5 6 7 8 9 10 11 12

蔓生百日草
菊科
Sanvitalia speciosa
1 2 3 4 5 6 7 8 9 10 11 12
假马齿苋
玄参科
Sutera cordata (Bacopa)
1 2 3 4 5 6 7 8 9 10 11 12
山牵牛
旋花科
Thunbergia alata
1 2 3 4 5 6 7 8 9 10 11 12
旱金莲
金莲花科
Tropaeolum majus
1 2 3 4 5 6 7 8 9 10 11 12
细叶美女樱
马鞭草科
Verbena tenera
1 2 3 4 5 6 7 8 9 10 11 12

其他常见花坛植物

麦仙翁
石竹科
Agrostemma githago
1 2 3 4 5 6 7 8 9 10 11 12
莲子草
苋科
Alternanthera dentata
1 2 3 4 5 6 7 8 9 10 11 12
三色苋（雁来红）
苋科
Amaranthus tricolor
1 2 3 4 5 6 7 8 9 10 11 12

三色苋（雁来黄）
苋科
Amaranthus tricolor
1 2 3 4 5 **6 7 8 9 10 11** 12

三色苋（锦西风）
苋科
Amaranthus tricolor
1 2 3 4 5 **6 7 8 9 10 11** 12

银莲花
毛茛科
Anemone × *hybrida*
1 2 3 **4 5** 6 7 8 9 10 11 12

红叶甜菜
藜科
Beta vulgaris var. *cicla*
1 2 3 4 5 6 7 8 9 10 **11 12**

阿魏叶鬼针草
菊科
Bidens ferulifolia
1 2 3 **4 5 6** 7 8 9 10 11 12

雁河菊
菊科
Brachyscome multifida
1 2 3 **4 5 6** 7 8 9 10 11 12

翠菊
菊科
Callistephus chinensis
1 2 3 4 **5 6 7** 8 **9 10 11** 12

风铃草
桔梗科
Campanula medium
1 2 3 4 **5** **6** **7** 8 9 10 11 12

观赏辣椒
茄科
Capsicum frutescens
1 2 3 4 **5** **6** **7** 8 **9** **10** **11** 12

矢车菊
菊科
Centaurea cyanus
1 2 3 **4** **5** 6 7 8 9 10 11 12

菊花
菊科
Chrysanthemum morifolium
1 2 3 4 5 6 7 8 9 **10** **11** 12

晚春锦
柳叶菜科
Clarkia elegans
1 2 3 **4** **5** 6 7 8 9 10 11 12

蛇目菊
菊科
Coreopsis tinctoria
1 2 3 4 **5** **6** **7** **8** **9** **10** **11** 12

大波斯菊
菊科
Cosmos bipinnatus
1 2 3 4 **5** **6** 7 8 **9** **10** **11** 12

硫黄菊
菊科
Cosmos sulphureus
1 2 3 4 **5** **6** **7** **8** **9** **10** **11** 12

半边黄
爵床科
Crossandra infundibuliformis
1 2 3 4 5 6 7 8 9 10 11 12
草紫薇
千屈菜科
Cuphea procumbens
1 2 3 4 5 6 7 8 9 10 11 12
须苞石竹
石竹科
Dianthus barbatus
1 2 3 4 5 6 7 8 9 10 11 12
双距花
玄参科
Diascia barberae
1 2 3 4 5 6 7 8 9 10 11 12
多榔菊
菊科
Doronicum austriacum
1 2 3 4 5 6 7 8 9 10 11 12
花菱草
罂粟科
Eschscholtzia californica
1 2 3 4 5 6 7 8 9 10 11 12
猩猩草
大戟科
Euphorbia heterophylla
1 2 3 4 5 6 7 8 9 10 11 12

一品红
大戟科
Euphorbia pulcherrima
1 2 3 4 5 6 7 8 9 10 11 12
银边翠
大戟科
Euphorbia marginata
1 2 3 4 5 6 7 8 9 10 11 12
天人菊
菊科
Gaillardia pulchella
1 2 3 4 5 6 7 8 9 10 11 12
霞草
石竹科
Gypsophila elegans
1 2 3 4 5 6 7 8 9 10 11 12
霞草（矮生）
石竹科
Gypsophila elegans
1 2 3 4 5 6 7 8 9 10 11 12
向日葵
菊科
Helianthus annuus
1 2 3 4 5 6 7 8 9 10 11 12
向日葵（重瓣）
菊科
Helianthus annuus
1 2 3 4 5 6 7 8 9 10 11 12
向日葵（多花）
菊科
Helianthus annuus
1 2 3 4 5 6 7 8 9 10 11 12

StrawBurst™
麦秆菊
菊科
Helichrysum bractatum
1 2 3 4 5 6 7 8 9 10 11 12
香水草
菊科
Heliotropium arborescens
1 2 3 4 5 6 7 8 9 10 11 12
槭葵
锦葵科
Hibiscus coccineus
1 2 3 4 5 6 7 8 9 10 11 12
芙蓉葵
锦葵科
Hibiscus moscheutos
1 2 3 4 5 6 7 8 9 10 11 12
红叶苋
苋科
Iresine herbstii
1 2 3 4 5 6 7 8 9 10 11 12
裂叶花葵
锦葵科
Lavatera trimestris
1 2 3 4 5 6 7 8 9 10 11 12
大花补血草
白花丹科
Limonium sinuatum
1 2 3 4 5 6 7 8 9 10 11 12
大花亚麻
亚麻科
Linum grandiflora
1 2 3 4 5 6 7 8 9 10 11 12
蓝亚麻
亚麻科
Linum perenne
1 2 3 4 5 6 7 8 9 10 11 12

草原龙胆
龙胆科
Lisianthus grandiflorum
1 2 3 4 5 6 7 8 9 10 11 12
毛叶剪秋罗
石竹科
Lychnis coronaria
1 2 3 4 5 6 7 8 9 10 11 12
观赏番茄
茄科
Lycopersicon esculentum
1 2 3 4 5 6 7 8 9 10 11 12
马落葵
锦葵科
Malope trifida
1 2 3 4 5 6 7 8 9 10 11 12
紫茉莉
紫茉莉科
Mirabilis jalapa
1 2 3 4 5 6 7 8 9 10 11 12
黑种草
毛茛科
Nigella damascena
1 2 3 4 5 6 7 8 9 10 11 12
罗勒
唇形科
Ocimum basilicum
1 2 3 4 5 6 7 8 9 10 11 12
罗勒（紫叶）
唇形科
Ocimum basilicum
1 2 3 4 5 6 7 8 9 10 11 12

月见草
柳叶菜科
Oenothera biennis
1 2 3 4 5 6 7 8 9 10 11 12
诸葛菜
十字花科
Orychophragmus violaceus
1 2 3 4 5 6 7 8 9 10 11 12
冰岛虞美人
罂粟科
Papaver nudicaule
1 2 3 4 5 6 7 8 9 10 11 12
东方虞美人
罂粟科
Papaver orientale
1 2 3 4 5 6 7 8 9 10 11 12
虞美人
罂粟科
Papaver rhoeas
1 2 3 4 5 6 7 8 9 10 11 12
夜落金钱
梧桐科
Pentapetes phoenicea
1 2 3 4 5 6 7 8 9 10 11 12
红花蓼
蓼科
Polygonum orientale
1 2 3 4 5 6 7 8 9 10 11 12
蓖麻
大戟科
Ricinus communis
1 2 3 4 5 6 7 8 9 10 11 12

轮峰菊
川续断科
Scabiosa atropurpurea
1 2 3 4 5 6 7 8 9 10 11 12
艳扇花
草海桐科
Scaevola aemula
1 2 3 4 5 6 7 8 9 10 11 12
Proven Selections
黄芩
唇形科
Scutellaria hybrida
1 2 3 4 5 6 7 8 9 10 11 12
水飞蓟
菊科
Silybum marianum
1 2 3 4 5 6 7 8 9 10 11 12
肿柄菊
菊科
Tithonia rotundifolia
1 2 3 4 5 6 7 8 9 10 11 12

第四章

花坛的施工与要领

01 花坛施工的准备

花坛设计后的交底

花坛施工是指将花坛设计方案落地的过程。花坛设计完成后，设计人员须会同甲方和施工队伍进行交底。如需要的话，现场交底是必要的。交底的目的是让甲方再次确认其对花坛设计意图已认可；施工队伍对设计的内容包括设计意图、技术关键等已理解。交底的结果应是保证施工方确认可以按设计要求进行施工并能编制施工进程计划表。

花坛设计后的交底，其实是设计与施工人员的沟通，是对花坛设计的理解与深化过程。施工人员应对花坛施工现场进行勘察，熟悉道路、场地及周边环境情况。在这个过程中，需要设计人员有现场落地的功夫，根据现场情况做最后的调整和优化。同时需要施工人员凭借经验和技能，在充分理解花坛设计意图的基础上，完成花坛的落地，使花坛尽可能地完美呈现。花坛在我国的实践时间相对较长，施工队伍中不乏经验丰富的技师，他们对花卉材料的种植和图纸意图的把握有着独特的技巧和方法，对于花坛设计的新手可以起到启发作用。因此，花坛设计师除了施工前的交底，施工过程的参与非常有必要。

花坛施工人员的准备

花坛施工包括施工组织和种植施工，是一项技术性很强的工作，应根据项目的要求配备具有相应岗位资格的施工队伍并准备相应的施工工具和材料。训练有素的施工队伍，对花坛施工的效率和质量起着关键性的作用。因此，花坛施工前做好人员的准备非常重要。

花坛施工人员的准备可以分两个层面：一方面，按花坛施工项目的大小配备人员，包括人员数量和技术能力。合理的配备应该由施工领队和施工人员组成。其中，对施工领队应该设置一定的业务知识和业务能力的要求，至少能领会花坛的设计意图，能带领施工人员完成花坛的施工。另一方面，就是花坛施工队伍的建设，即平时加强施工人员的训练，特别是施工领队的培训。花坛施工队伍应该包括管理人员、施工领队和施工人员。平时的培训和学习也应该分层次地进行，逐步建设好花坛的施工队伍。除了花坛业务的培训，对于管理人员和施工领队还需要进行安全施工的相关培训，这对于大型的立体花坛、主题花坛的施工非常必要。培训和学习有三个途径，缺一不可。首先是花坛的专业知识的学习，包括集中培训和平时书本资料的学习；其次是师傅带徒弟的以老带新的传帮带的经验传授；最后，也是最主要的，就是花坛从业人员平时工作中的体验学习。平时的工作中不断地总结，特别是工作中的纠错、优化的体会；施工人员的技术交流，如技术比武等活动。一位好的施工人员，在平时的工作中时时处处都在积累有助于花坛建设的点点滴滴，不断提高业务知识和技术能力。

花坛花卉材料的准备

园艺品种的确定

花坛的质量把控，首先是花坛植物，不仅是对花卉种类的了解，更是对园艺品种的熟悉。这本来应该是设计师做花坛设计时就要确定的，但在很多情况下，设计师难以做到这一点。花坛施工前，施工人员要按花坛的设计意图，选择合适的花卉园艺品种。选择时主要考虑花卉园艺品种的生态习性和形态的观赏特性。

花卉的生态习性，指所用的花卉品种对花坛环境条件的适应能力。雏菊、金盏菊、三色堇等冷凉型的花卉，难以在南方地区夏季高温、高湿的环境下发挥作用；同样的，鸡冠花、百日草、孔雀草等温热型的花卉，不宜在北方的早春使用；再则，以上二者混合应用，配置在同一组花坛内，其效果也难以实现。除了温度的影响，光照条件，有时也应考虑，如有特别需要在偏阴处设置花坛，那些耐阴性的花卉品种就非常可贵了。

花卉园艺品种形态上的差异，形成了丰富的类型，如最常用的矮牵牛，有大花类，如‘喝彩’；多花类，如‘呼啦’；垂吊类（或蔓生类），如‘波浪’以及最新的变化迷你类矮牵牛，如‘小甜心’（详见第三章）。其中多花类的品种最适宜用作花坛，原因是多花类的矮牵牛，株型紧凑，分枝性强，花蕾多而密集，开花量多，特别易形成花坛的图案效果，更重要的是雨后的复花能力强。矮牵牛的多花类品种有很多可以选择，如‘呼啦’‘梅林’‘海市蜃楼’等，最新又出现了类似多花类的紧凑型品种，如‘马尔波’，能达到更好的应用效果。需要花坛的从业人员不断了解园艺品种的发展动态，选择更好的品种。园艺品种除了形态类型不能用错，其花色的优劣，即不同的花卉品种，其优势花色是不同的，如三色堇的红色总是暗淡无光；一串红的鲜红无法用矮牵牛或四季秋海棠的红色替代。另外花期、质感的一致性和协调性都需要我们在施工前好好把握。因此，花坛设计和花坛施工对花卉植物的熟悉，仅仅了解种类是远远不够的，必须确定花卉的园艺品种。

英国Floronova公司的品种试验区，花坛花卉的品种选择永远在路上

花坛花卉主要是一、二年生花卉，在我国，这类花卉的生产已经相当成熟，无论是种苗生产还是成品花生产都很规范，包括产品的园艺品种，规格等一致性方面都具有较高的水平。而花坛的设计者在认知上落后于生产商。园艺品种是影响花坛质量的关键因素，施工部门除了要求设计图纸明确园艺品种，花卉准备时也要根据设计意图，按品种要求进行准备。

花坛花卉材料的来源

花坛的园艺品种确定后，需要与具有良好口碑的花卉生产商签订采购合同，确保花卉产品的质量。花卉产品的生产需要一定的时间，无法通过加班加点来完成，因此，制订采购计划，确定花卉供应商并签订采购合同是花坛施工必要的准备工作。这项工作包括了解花坛植物的质量标准、花坛花卉的规格与苗龄以及如何保证获取符合质量标准的花卉产品。

花坛花卉的质量标准

花坛花卉的品种繁多，类型丰富，各具特点，如何衡量或判断花卉产品的质量非常重要，业界也有不同版本的质量标准，但操作性不强，从而导致目前的产品质量良莠不齐，给花坛从业者带来不少困惑。掌握好花坛植物的质量标准，必须界定好苗态时间，即出圃种植状态和花坛观赏状态，有时指最佳观赏期。质量标准中的许多指标需要严格分开，不能模棱两可，混为一谈。如株高、冠幅、花盖度等，适合在花坛的观赏状态时鉴定的指标，对出圃状态的苗就没有意义。通常花坛施工前的花卉质量标准应该以出圃时的状态为准，即指花苗用于花坛种植时的状态，有了这样的界定，以下的质量指标就具有了操作性，并能体现花卉材料的质量优劣。花坛花卉（统称“草花”）种类繁多，品种丰富，需要一个统一的质量标准，可以通过

高质量、规模化的花坛花卉生产基地

三个层次来判断：

草花质量的总体标准，即适用于所有的花坛花卉

植株的主秆矮，不徒长，茎秆粗壮，基部分枝多而强壮；

花蕾多而含苞欲放，开花及时；

植株整齐度高，一致性强，包括花色、花期、株高和冠幅等；

植株的枝叶生长健壮，叶色正常，无病虫害；

根系发育良好，脱盆后可见白色须根。

草花质量的具体标准，即草花出圃时的状态与处理标准

适合种植的最佳苗龄，通常为初花期的苗，即有少量开花、露色的花朵，大量含苞欲放的花蕾，避免老化的苗或开花过盛的苗；

草花生产用的土壤以栽培介质的配

株型良好，基部多分枝的万寿菊

分枝性差的万寿菊

出圃状态的矮牵牛

保持适当的盆距，才能生产出株型整齐一致的欧洲报春

比越高越好，根系刚好能形成土球，脱盆不松散；

花苗的规格整齐，以容器直径为衡量标准，通常为10cm或12cm为宜。盆器宜小不宜大是发展趋势，如排盒（pack）容器苗。植株的冠幅和株高是次要的，有时并不能作为质量标准。

枝叶健壮、无病虫害的矮牵牛苗

根系良好的苗

苗龄合适的、出圃状态的矮牵牛苗

草花出圃前的处理得当，不能有挤苗、伤根等现象。

草花质量的个性标准

结合不同的花卉种类和品种，需要提出的个性化质量要求。如蓝花鼠尾草，需要有3～5个分枝或花序等。

以上三个层次的质量标准，进行分别判断，综合评估可以帮助获取符合质量要求的花卉材料。

花卉材料的来源监控

为了选择到满意的花坛植物，不仅要计划在先，有足够的生产时间，而且需要对整个生产过程进行监控，才能做到万无一失。尤其在我国，花坛植物的生产处于初级阶段，大多数的草花生产苗圃的管理水平是有限的，对于那些新的品种更是缺乏经验，要得到符合要求的花卉材料，花坛植物的生产过程监控非常必要。花坛植物一旦选定，

良好的栽培土壤，是花苗生产质量的保障

健壮的蓝花鼠尾草苗是优质盆花的保障

黏重的带菌的土壤，不能用于草花生产

徒长的次品花苗不能用于花坛

瘦弱的蓝花鼠尾草苗无法生产优质盆花

一串红每盆3株苗，规格更整齐，见效更快，不拥挤，质量有保障

对那些初次合作的苗圃或初次使用的品种，我们需要在花卉材料的生产过程中，包括播种育苗、小苗上盆、植株的生长、显蕾初花等几个关键节点到现场查看，以便发现问题及时调整。过程监控的对象应同时包括花坛应用的所有种类和品种（花色），按照花坛的设计要求，逐一跟踪。对花坛植物材料的过程监控，是根据我国花卉生产水平发展的特殊性提出的，也许是我国特有的，但这项工作对于花坛设计师提高对植物的认识也非常有用。

花卉材料的出圃与运输

花坛花卉材料应根据计划供货的时间落实出圃事宜，花材出圃前须采取水肥控制，宜施肥一次，整理植株，防治病虫害等。

花材的运输宜装盘或装筐并采用带有分层货架的车辆，最大程度地降低对花材的机械损伤。大型花坛的施工，注意装车时要以施工顺序的反向顺序装车，以便卸货时有序施工。根据所装运的花卉种类的特点采取相应的防雨、防风、保湿、保温、遮阴等措施。装车完毕时应检查花架等是否稳固，消除安全隐患。

花材应按确认的供货时间和地点送货，并在施工方指

案例16：天竺葵推广的产品过程监控

2012年天竺葵‘中子星’第一年在上海复兴公园花坛推广，目标是5月1日进入盛花。由于天竺葵花坛应用是新品种，因此，对产品的生产过程做了监控。

图1 2011年11月18日刚上盆的小苗，盆距相对集中，但周边为以后生长留出了空间

图2 12月28日，随着苗的生长，将盆距拉开了

图3 2012年，2月16日苗已完成了营养生长，开始显蕾

图4 4月9日准备种植前，第一个花序开花

图5 天竺葵的玫红与红色的状态完全一致

图6 万寿菊‘梦之月’作为金黄色配色，其品种的株高、花朵质感与天竺葵完全匹配

图7 2012年4月28日花坛的效果

1	2
3	4
5	7
6	

定的区域有序卸货，整齐分类摆放，避免花材的损伤。花材运抵时，施工方应有技术人员在现场对送至的花材按送货清单，根据质量标准进行验收。

花坛场地的土壤准备

许多不良的做法是，在没有进行土壤与场地处理就开始花坛施工了。我们知道，影响花卉生长的环境因素很多，包括气候条件、光照情况、温度高低、肥料营养和水分干湿五大方面。其中植物的养分和水分是通过土壤提供给植物生长的，因此，花坛施工中只要提供良好的土壤，就是人们力所能及地保证了植物的正常生长。其他因素是难以控制的，土壤条件的改善是花坛施工唯一可以控制的场地因素。花坛施工前的土壤准备主要包括两个方面：土壤改良和地形处理。

土壤改良

土壤改良的原理：土壤对花坛植物的生长作用再言重也不为过的，而这一点在我国的花园建设中是最被忽视的。绝大多数的花园场地，土壤条件不能满足花坛植物的基本生长要求。因此，土壤改良不仅在花坛的方案设计时需要特别指出，在花坛施工时更需要再次强调。土壤对植物生长的作用是土壤改良的依据。土壤的作用是为植物生长提供所需的水分、氧气和营养元素。至于花卉植物对土壤的要求，随意翻开一本传统的花卉栽培书籍，经常能看到几乎千篇一律的说法："轻质、疏松、透气，排水良好，富含有机质的肥沃土壤"。因为这样的土壤对绝大多数的花卉都适合，问题是如何提供这样的土壤呢？

首先，通过解读"轻质、疏松、透气，排水良好"，是指土壤的物理性状，即土壤的结构，土壤颗粒的大小，容重小质地轻，土壤的孔隙度，土壤的水气比例。参考指标：有机质含量越高越好，栽培介质的有机质含量高

某绿地中，没有进行适当的土壤和地形处理，施工之后的花坛，效果凌乱

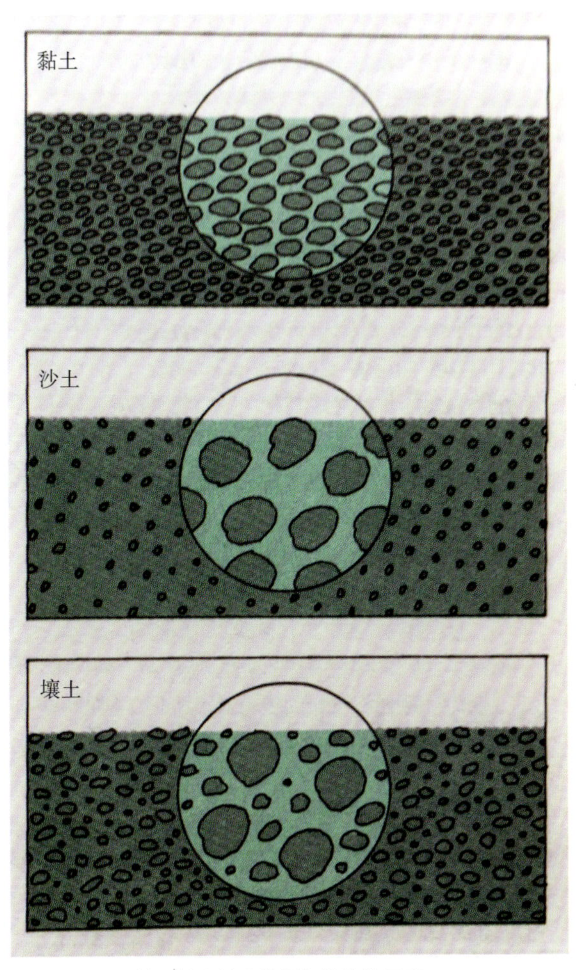

黏土、沙土、壤土的土壤颗粒粗细的结构示意
粗细混合的壤土是理想的、合适的土壤团粒结构

达90%以上；土壤的容重为100～125kg/m^3；通气孔隙度16%～25%。水分和氧气是植物根系生长的基础。良好的土壤结构应该由大小颗粒的材料混合而成，颗粒越大，土壤孔隙越大，空气越多，排水性越强，颗粒越小则反之；两者的比例直接影响着土壤的持水与排水，水与气的比例。根据植物对土壤水气的要求，形成合适的团粒结构。

其次，再进一步解读"富含有机质的肥沃土壤"，是指土壤的化学性状，即土壤应该含有植物生长、发育所需的营养元素（氮、磷、钾、钙、镁、硫、硼、铁、锰、锌、铜、钼）。判断土壤的化学性状必须借助仪器并由专业的实验室测试所得，于是我们会得到一份土壤的测试报告。在土壤改良时，我们并不先去关注测试报告中的这些营养元素，而是土壤的pH值和EC值。pH值是指土壤的酸碱度，大多数植物要求的土壤pH值为5.5~6.5。当土壤高于或低于这个范围时，土壤中的营养元素就会发生

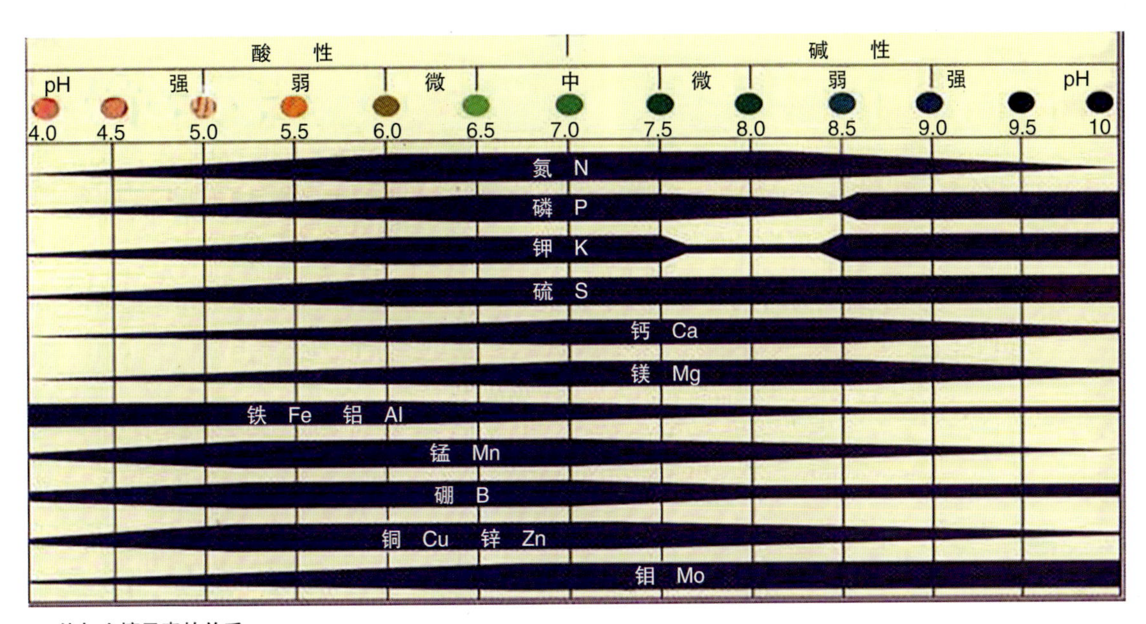

pH值与土壤元素的关系
当pH值小于5.5时有些元素会缺失：如钙、镁、磷、钾、硫、钼；而有些元素会过量：如锰、铁、硼、铜、锌、钠、氨。同样的，当pH值大于6.5时，有些元素会缺失：如锰、铁、硼、铜、锌、镁、磷；有些元素会过量：如钙和氨

混乱，即便土壤中含有这些元素，植物也不能正常吸收。pH值与土壤元素的关系图显示各种元素过剩或缺乏与pH值不当的关系。EC值则是反映了土壤含盐量的总和，即土壤各种元素的总量，包括有益的元素和有害的元素。植物的耐盐的能力是有限的，与植物种类、生长阶段有关，详见表4-1 EC值通常在1.0~1.8mS/cm之间（介质：水为1：1.5）。需要注意的是EC值只反映元素的总量，不反映具体元素，有益的元素越多，越有利于植物生长；反之，有害的，无效的元素过多，同样会提升EC值，导致需要补充的植物营养元素难以加入。从这个角度看，土壤改良时，宁可EC值低些，也不要含有过多的无效或有害的元素。

表4-1　土壤介质的EC值参照

mS/cm

饱和介质	1介质：1.5水	1介质：5水	说明
0~0.74	0~0.25	0~0.12	表示养分含量很低
0.75~1.99	0.25~0.75	0.12~0.35	适合小苗，对盐敏感植物
2~3.49	0.75~1.25	0.35~0.65	适合大多数花卉
3.5~5	1.25~1.75	0.65~0.90	适合喜肥性花卉
5~6	1.75~2.25	0.9~1.10	含盐量偏高，易烧苗
6+	2.25+	1.10+	含盐量过高

土壤改良的材料：常用的有泥炭、椰糠等，材料的质量是关键，要从可靠的材料供应商那里取得。无论是泥炭还是椰糠已经成为标准化的介质产品了，具体标准的产品信息，主要包括产品的颗粒粗细等级。泥炭按纤维粗细分成：细的，如3~8mm；中的，如10~30mm；粗的，如20~40mm，泥炭产品的加工会将pH值调到5.5~6.5，有加肥料的，用EC值表示（这里的EC值均指有效元素）。椰糠也分细的（pith)和粗的（chips）。椰糠加工过程的关键是洗盐，也就是EC值越低越好。无论泥炭还是椰糠，用

细的泥炭产品

粗的泥炭产品

细的椰糠

粗的椰糠

于栽培花卉植物必须做到园艺无毒，即不含杂草种子、病虫害残留等有害物质。国际上有专门的第三方认证，如荷兰的RHP认证，或欧洲的ECAS认证，即授予对园艺植物的安全认证。可靠的供应商除了能提供带有认证标志的产品，保持稳定的质量也非常重要。长期以来，泥炭一直是最受欢迎和最常用的栽培介质材料，近年来由于涉及生态和环境的问题，人们开始找泥炭的替代品，除椰糠外，还有树皮、稻壳、沙、浮石、蛭石、珍珠岩等。无论什么材料，产品品质的标准化、稳定性，以及大批量的提供能力是关键。

土壤改良的方法：不符合花卉植物生长、发育的劣质土壤，常表现为黏重、含有过多的杂草种子、病虫害残留，以及建筑垃圾等杂物。土壤改良就是经过人工加入泥炭、椰糠、腐叶土等有机物质，混合配制成满足花卉植物生长、发育所需的物理性状和化学性状的土壤，并特别强调改良的土壤必须园艺无毒，即土壤必须经过消毒，严禁含有病菌或对植物、人、动物有害的物质。目前国内的花园绿地中的土壤绝大多数不能满足花卉植物的生长，因此，花坛施工前必须对土壤进行改良。通常需要从三个方面着手，即将土壤的结构变得疏松，保证土壤的干净卫生，土壤的养分是最次要的。土壤的物理性状更加重要，这是因为土壤的营养元素，可以通过后期养护过程中，通过施肥得到补充和满足。而土壤的结构在花卉种植后却难以改善。下面通过一个实际案例叙述一下改良的方法和步骤。

上海某公园内的花卉种植床同大多数绿地一样，土壤板结，颗粒黏重，杂草密集，病虫害残留不详。下面以此为例，将花卉种植土壤的改良步骤分述如下：

（1）将原种植土壤表层内的杂质除去，除去量为原土壤表层的10cm厚度。

（2）深翻去除杂质的原土壤，深度至少30cm，如有机械，则越深越好，可达100cm。

（3）将泡发好的椰糠，其中细椰糠和粗椰糠按一定比例混合，也可以加中粗泥炭（如10～30mm），比例需要结合原土壤的情况进行配备。本案例是50%的细椰糠，30%中粗泥炭，20%粗椰糠混合而成。

（4）将混合好的介质材料均匀地铺在经过去杂、深翻的原土表面，铺设量为20cm厚。未经测试的土壤，混合有机介质能降低土壤的pH值。加入5-10-5的复合肥料，每千克匀拌在15m³的种植土壤，深度20～30cm，增加土壤中的基肥。如经过测试，园土的pH值偏差过大，可用石灰

土壤改良

地形处理

英国汉普顿宫花园内每次花坛更新种植前都会做的土壤改良和地形处理工作

除去表层土壤后，深翻30cm

混合用于土壤改良的基质，如泥炭、椰糠等

加入配制好的栽培基质

加入混合的基质，如泥炭、椰糠等

经过深翻的原花坛土壤表面加入配制好的基质，再次深翻，可以借助机械，效果更好，将基质和原土充分混合

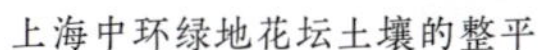

上海中环绿地花坛土壤的整平

花坛种植前的地形处理

经过地形处理后的花坛效果

粉或硫黄粉调整，具体方法见表4-2、表4-3。

（5）铺好配制的介质后，再深翻一下，深翻深度约30cm。这样基本能使改良后土壤表层，约30cm的种植层内，介质的比例足够高。其结构疏松，既有排水性，又有一定的持水保肥性。只要介质材料的来源质量能保证，改良后的土壤种植层应该是园艺无毒的。

（6）最后将种植层整平，做好地形，即可以种植花卉了。

表4-2　每立方米园土pH值提升至6.0需要加入石灰粉（kg）

园土 pH 值	沙土	壤土	黏土
4.5	1.2	1.5	2.25
5.0	0.9	1.2	1.5
5.5	0.45	0.6	0.9

表4-3　每立方米园土pH值降低至6.0需要加入硫黄粉（kg）

园土 pH 值	沙土	壤土	黏土
7.5	0.27	0.38	0.59
7.0	0.23	0.30	0.47
6.5	0.12	0.18	0.29

地形处理

花坛施工，对土壤改良比较容易理解，但种植土壤的地形处理常常会被忽略，或常被包含在土壤改良中。这里特别将其分述是因为地形处理是花坛施工的一个必要环节和技术要领。地形处理的技术要点是将经过土壤改良的种植床或种植场地进行整平，并形成微地形。其目的是有利于植物良好地生长，同时

案例17：花坛的地形处理

图1 毛毡花坛地形处理的技术难度在于平整，平整的土壤表面是毛毡花坛效果体现的关键

图2 英国Waddesdon庄园内的毛毡花坛，其逼真的地毯效果，是建立在精致园艺技艺的基础上的，包括平整的地形

图3 花坛地形处理的目的是有利于花卉植物的生长，同时也是满足花坛图案的凸显效果。通常将种植花卉的苗床整成略高于周边的草坪，并形成中间略微高的微地形

图4 白金汉宫大门前草坪上的花坛，花坛景观巍巍壮观，其地形处理起着至关重要的作用

图5 花坛地形需要按花坛图案的特征，以及希望达成的表现效果整成微地形

图6 英国Waddesdon庄园内的盛花花坛，中间的图案凸显就是依靠施工时的地形处理

1	2
3	4
5	6

凸显花卉的观赏效果。

整平：种植场地在种植前要进行耕翻，尤其是土壤改良的混合、耕翻，土壤间的孔隙是不均匀的，即便表面看似平整，如不做整平，种植花卉后，经过浇水或雨水的冲淋，土层会下沉，土壤表面会变得凹凸不平，坑坑洼洼，造成积水而影响植物的生长。因此，改良或耕翻后的土壤，需要做一些整平工作，特别是新改良的土壤，适当的压实是必要的，尽量使得种植层内的孔隙度均匀，降低种植后的沉降影响。

地形：指在种植土壤整平的基础上做微地形，使整体的花卉种植床微微高于周边的草坪或道路，形成中间略高、周边略低的地形，俗称“甲鱼背”式的地形。其目的也是有利于排水，进而有利于植物的生长；微微隆起的地形也可以突显花坛景观效果。

没有经过地形处理种植的花坛，效果平淡

经过地形处理后种植的花坛，效果良好

02 花坛施工的要领

花坛植物的种植要领

花坛图案的放样

花坛施工的第一步便是花坛图案放样，放样必须在完成土壤改良的花坛土表面进行，尤其是有地形高差要求的花坛。放样的目的是将花坛设计的图案、纹样放大到花坛实际施工的场地上，实现花坛设计图案的意图。因此，放样的关键是精准，放样的质量直接影响到花坛效果的呈现。

常用的花坛放样方法有定点放样法、网格放样法、模板放样法和采用现代技术的RTK 定位放样法等。无论哪种方法，其基本原理都是将花坛设计的图案纹样，按比例尺，利用坐标定点，使花坛图案如实还原到花坛实际土面上。根据花坛的图案繁简程度、花坛的规模大小等，选用简便有效的方法。

定点放样法：以花坛中心为圆点牵出几条直线，分别拉到花坛的边缘，用量角器确定各线的夹角，就能将花坛表面分成若干等分。以这些等分线为基准，比较容易放出花坛对称、重复的图案纹样。特别适合规则式、几何图形的纹样花坛的放样。按设计图纸的尺寸标出图案关系的基准点，直角线可以直接用石灰粉画出。圆弧线应先在地上画线，调整确认后用石灰粉画出。

上海世纪公园花坛的图案用定点放样法

网格放样法：图案较为复杂的花坛放样，设计图纸应该出一张放样图，如采用网格图，要在实际施工的花坛土表面按比例尺，用直线拉出同样的网格。利用图纸与土面上网格坐标的对应关系，找到对应的坐标位置，画出图案，再用石灰粉画出。

模板放样法：主要是用于那些图案特别精细、复杂的花坛图案放样，如毛毡花坛。将那些比较细小的曲线图样，可以先用硬纸板剪成图样模板，采用上面网格放样法的基础上，找到对应的位置再依照模板把图样画到花坛土面上。

RTK技术放样法：RTK（Real Time Kinematic）实时动态测量技术，是以载波相位观测为根据的实时差分GPS技

世纪公园花坛的图案效果

网格法实地放样呈现世博会会标图案，网格放样图参见p115左下；种植施工完成后的效果参见p115右下图

利用RTK技术精准放样的特大型花坛

RTK技术精准放样后的花坛施工有了保障

"百年华诞"花坛种植初期

花坛的完美效果

术，它是测量技术发展历程中的一个突破，它由基准站接收机、数据链、流动站接收机三部分组成。采用RTK技术放样时，仅需把设计好的点位坐标输入到电子手簿中，背着GPS接收机，它会提醒你走到要放样点的位置，既迅速又方便，由于GPS是通过坐标来直接放样的，而且精度很高也很均匀，因而放样效率会大大提高，特别适合特大型、对图案精准度要求特别高的花坛放样。如2021年，上海辰山植物园庆祝中国共产党成立100周年的主题花坛："百年华诞"。花坛面积达1200m^2，花坛图案是指定的标识图案，包含了党徽与数字，以及代表56个民族的金色光芒，不能有丝毫的误差。这样的花坛对放样的要求极高，施工团队就是采用RTK技术方法，取得了完美的效果。

花坛植物种植

花坛植物的种植是花坛施工最主要的工作，种植质量直接关系到花坛效果。种植的总体要求是满足花坛效果的呈现，即整齐度、图案感和花苗的成活率。花坛植物的种植是一项技术性很强的工作，同时也是一项熟练工种，操作工人都是需要经过培训的，俗称"种花师傅"，良好的花坛施工队伍应具备训练有素的"种花师傅"。花坛植物种植的技术要点如下：

种植时间

关于花坛植物种植的合适时间，需要根据不同的季节与气候条件来确定，须避开酷热的夏天正午。气温在35℃以上，不太适合种植，特别是白天正午时段，如一定要种植，需要在设立临时荫棚的防护条件下进行，并选择下午或傍晚进行，及时供水。另外，冬季低温，气温低于5℃，也不适合种植。其他季节，花坛植物种植没有限制，均可以种植。当然，理想的种植天气为阴天，无风的下午。种植季节与花坛植物的习性也密切相关。耐寒性的草花，如三色堇、角堇、雏菊、金鱼草等，宜在秋季早霜来临之前进行种植。最好在霜冻前种植的花苗有2～3周的生根时间，这样有利于种植的花苗御寒越冬，如华东地区往往在11月之前种植。而对于不耐寒的草花，如四季秋海棠、非洲凤仙、一串红等，宜在早春晚霜之后进行种植，以防低温霜冻的危害，如华东地区常需要在4月初之后种植。

花坛植物种植时间另外一个技术要点是把握好与观赏期的关系，宜早不宜晚。种植后至少有3周的生长期，再进入观赏期是比较理想的种植时间。这与选择合适苗龄的花材是相辅相成的，一般以初花状态的苗为宜。因此，种植初期应保持一定的苗间距离，为花苗留出生长空间，以达到理想的效果。避免种植过晚，仓促施

百日草种植时，选择初花状态的苗，并保持一定的间距，有利于生长，形成良好的效果

同样的百日草，种植过密，没有生长空间

工，过于追求立竿见影的效果，这是导致种植过密、花苗生长过盛、花坛效果不良的主要原因。

种植方法

花苗整理（苗龄）：种植时还要对花苗做一些细微的整理，主要是确认花苗符合花坛植物的质量要求。尤其是苗龄合适，不宜种植过老的花苗，开花过盛的苗。这一点在花坛施工的准备期间已做了把关，种植前再确认一下，更主要的是确认花苗的规格大小，通常运到现场的花苗还是有细微的大小差别，种植时尽量调整整齐一致，避免产生明显的大小苗混栽，而是由大到小逐步过渡，常常是按种植顺序，由大到小地种植。花苗经过搬运到达现场，种植时应清除那些因机械碰伤的残枝枯叶，甚至残花等，保证种植的花苗健康、整齐。

种植密度：花坛植物的种植密度通常用每平方米种植棵数来表示，一般的苗木清单中，特别是与预算有关的文件都需要提供。在实际操作中也用株行距表示。无论是每平方米种植棵数还是株行距，合适的种植密度应该保持花

种植的一串红花苗大小均匀，株型一致，整齐度高

种植的一串红花苗大小不一致，整齐度差

一串红苗的株型大小有明显差异

案例18：一串红花坛种植技术

图1 上海植物园2017年9月26日初花的一串红种植后的效果

图2 一串红经过10天的生长，到了10月6日盛花的效果

图3 一串红的各种花色，苗龄一致，种植整齐，株行距适宜，图案效果好

图4 一串红盛花时，依然疏密有致，排列有序，表现出花坛的群体美

图5 盆栽直接摆放、堆砌，难以形成整齐方正的形状，图案感弱

1 2
3 4
5

案例19：花坛图案线条的流畅

图1 花坛平面较宽，图案不同色彩间的种植距离可以略宽些，形成色彩间的差异度，增强花坛效果的图案感

图2 一串红不同色彩之间的种植距离略宽些，也为日后进入养护留出通道

图3 日常养护时，对色彩间的边线适时地修剪，并经过3~5天的养护生长，可以极大增强线条的整齐度和流畅性，花坛图案更显精细

案例20：矮牵牛花坛种植技术

图1 矮牵牛花坛种植，首先是选择小花、紧凑型的品种，图片右边即为紧凑型品种‘马尔波’

图2 4月10日，紧凑型矮牵牛初花期种植于花坛

图3 同日，普通多花型初花期种植于花坛

图4 6月6日，种植55天后，左边的普通多花型矮牵牛开始徒长；中间的紧凑型矮牵牛依然保持紧凑的图案

图5 紧凑型矮牵牛种植55天后，花坛图案保持良好

图6 品种不良或徒长的矮牵牛难以种植出高质量的花坛效果

图7 矮牵牛藤本类品种，枝叶蔓生，不易形成花坛图案，价格又贵，不宜用作花坛

坛植物进入观赏期时，植株间相触而不相挤，在展示花坛群体美的同时不乏个体美，同时能保持每株花苗的健康生长，有利于延长花坛整体的观赏期。

非洲凤仙合适的苗龄和种植密度

矮牵牛合适的苗龄和种植密度

案例21：花坛植物种植的苗龄与密度

图1 何氏凤仙宜在初花期种植，即植株有1~2朵花时即可以种植，一般在8月底9月初

图2 苗圃内已盛花的花苗，用此盛花的苗种植花坛已经过晚，这样的花苗种植后花朵易损伤，需要等待再次开花，才有观赏效果，观赏期也会推迟

图3 种植初期宜留有生长空间，每平方米16~25棵

图4 国庆期间可以进入盛花，花坛效果佳

图5 新几内亚凤仙‘桑倍斯’同样采用初花期的花苗种植，种植密度为每平方米6~9棵，留出生长空间

图6 4月初种植，5月进入盛花

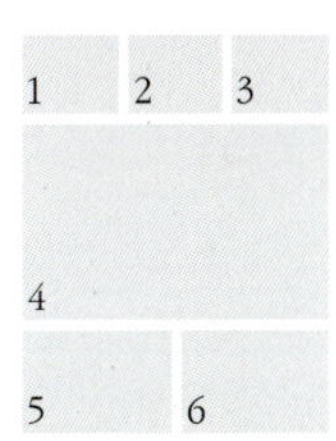

种植密度的把控，宜稀不宜密。与适当的苗龄和花苗的质量（包括品种的冠幅，注意是观赏阶段的冠幅），花苗生长的环境条件关系密切。当前的实际工作中往往因追求即时的效果，种植过密，仓促施工，花苗苗龄过盛或质量差。一般来讲，选择优质的花材，包括品种纯正、花苗质量优。草花的种植密度，每平方米在16～25棵，有些株型较小的可以到36棵。如果我们有各种草花品种的冠幅数据，可以精准计算出种植密度，即冠幅的平方乘以棵数等于$1m^2$。利用这个公式可以计算出棵数，由于草花的冠幅因品种、季节、地区和栽培条件而不同，没有现成的资料可以直接利用，只有通过平时的积累来获得。

种植深度：花苗的种植深度，宜浅不宜深，避免种植过深，以花苗原盆栽的根颈部位与土壤表面持平为宜。种植深度的掌握，主要是保持根系完好并与土壤充分接触，以便迅速生长为佳。种植时，当花苗脱盆后，根系的状态以刚好保持土球不松散，种植后能自然生长为好。如根系太少，容易松散，不利于根系与土壤接触，根系生长困难；或者根系太多，老化，盘绕盆壁，新根难以迅速生长，也不利于种植。

种植整齐度：对于花坛植物种植来说，种植整齐度是一项重要的技术，直接影响到花坛效果的优劣。首先，花坛地形的保持，花坛植物种植应在完成地形处理的土壤

花坛面积较大，种植施工时采用木板垫，可以起到保护花坛地形的作用

花坛植物种植后的地形依然饱满，圆整

上进行，保护好地形非常重要。尤其是大型花坛的种植，必要时，应该有保护措施，如垫块木板。其次，即种植顺序也非常重要。一般由里向外，由后向前，由中心向周边。图案复杂的花坛，可以先沿着图案边界种植，以保证图案的效果。再次，整齐排列的种植，常用的方法有纵横整齐排列法、五点形（亦称梅花形）排列法种植。前者讲究横向和竖向的整齐排列，包括平行的圆弧形整齐排列种植，特别适合圆形花坛；后者要求横向、竖向和斜向均整齐排列。

花坛植物种植整齐度说到底是要体现花坛图案感，为了获得良好的整齐度，种植时还应注意一些细节，如花苗的大小差异，花苗的方向感等。另外，保持花坛植物色块间线条流畅，可以极大增强花坛的图案感。这个种植细节，除了种植整齐外，还可以在种植时，将两种色彩之间的种植距离留得略大些，形成若隐若现的边界线，视觉上能产生图案的线条。这样的种植技术性

复杂或要求精细图案的花坛，种植由关键图案边界开始

上海世纪公园花坛的大型时钟花坛，钟面大而要求平整，种植要求很高

纵横整齐排列种植方法

梅花形整齐排列种植法

较强，留出的距离以花苗刚好能长满为宜，留出的空间也能为日后的养护提供通道；但留出的空隙过大，或线条不流畅，都会产生不良的效果。

种植后处理：花坛植物种植后的主要工作是浇水，尤其是种植后的一周内，由于根系尚未生长，需要及时供水，保持土壤湿润，促进根系生长。浇水时保持水流的柔和，避免采用高压水流直接冲击花苗，建议使用细喷头的水管浇水。供水的喷头向上，水流呈抛物线缓缓洒向花苗也有助于防止花苗倒伏。种植后的初次浇水，花苗是否倒伏也是检验花坛植物种植质量的方法之一。

花坛边饰

为保证花坛作品的完整性，花坛的边缘处理尤为重要，在于协调和融入绿地环境。其作用体现在两个方面：一方面，防止花坛的泥土冲刷，污染道路；保持花坛的排水通畅，有利于花卉的生长。另一方面，花坛的边界更加明显，彰显花坛的园艺水平，增强花坛的观赏性。

花坛边缘的道路或草坪宜略低于花坛种植床，使花坛更为突出。花坛边缘的花卉，无论模纹花坛还是花丛花坛，宜采用低矮的花卉品种；花坛的边缘线条流畅，与道路或草坪有明显的分界边缘。

花坛讲究规则、整齐，花坛的边缘处理是最能体现精致园艺的部分，花坛边饰，俗称“切边”，是花坛施工的收尾工作。有了花坛的切边，花坛施工才算完整。花坛种植床的边缘，直线要直，曲线须流畅，如与草坪衔接的，草坪的切边也是一项特别的技能，不仅要修剪整齐，而且所有切除的草屑都需要人工清除，流出的沟要做到匀称，似有

百日草种植时，整齐度欠佳，花坛效果显粗糙

百日草不同花色间的间距过大，线条不流畅，花坛的图案效果呆板生硬

种植整齐的百日草，包括株型的方向感都注意保持一致，花坛的效果显精致

花苗种植整齐度与花卉的品种质量有关，如万寿菊的F_1代杂交优势强，花苗整齐度高，种植易整齐一致

孔雀草选择花苗整齐，经过精心栽培，也能种植出整齐的花坛效果

孔雀草目前只有常规品种，花苗整齐度弱，常出现种植凌乱感

若无，体现出很强的精致性。这样的切边除了美观，还可阻止草坪无序延伸。

花坛的切边，保持边缘线条的流畅，整齐，包括切口的倾斜度，留边的宽度合适。避免切边过大如沟壕，线条粗糙不整齐。

花坛切边由于技术性较强，也可以采用木质或金属材料预制的挡板作花坛的边饰处理，起到切边的作用。注意挡板材料的精细度和耐用性，避免使用粗糙易损的

万寿菊的花苗质量没有控制好，即便有杂交优势，也难以种植整齐

上海地区某公园的花坛的边缘，与草坪的衔接处没有处理，花坛图案就显得粗糙

劣质材料。在花坛种植不久，植物尚待生长，尤其是花坛的边缘，可以用些覆盖物覆盖，以示精心处理，增强花坛的整体感。

安全防护与竣工验收

花坛施工，特别是花卉种植对施工场地要有明确的要求。一是安全防护，尤其是大型的立体花坛和主题花坛。搭建构架和使用大型机械时，安全施工尤为重要。另一个完工时要清理场地，即当天清理完垃圾杂物。用完的空盆、修剪下的枝叶都要集中收除，保持场地的干净整洁。

花坛施工的竣工验收应以设计施工图纸，有变更的需要有设计变更签证为依据。花坛施工涉及隐蔽工程的，施工方须及时通报委托方进行现场质量验收。

上海南京西路街头花坛的切边宽度合适，切痕流畅，切边均匀，呈现了花坛的精致美

上海陆家嘴中心绿地花坛切边与草坪显得非常流畅，精致

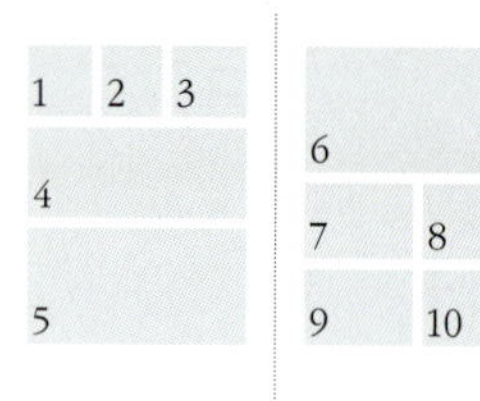

案例22：花坛施工中的边饰技术

图1 “边饰”要求：切口整齐，上海地区通常要求有45°斜面，切边直线要直，弧线要流畅

图2 “切边”是一项专门的技能，需要训练

图3 即便在欧洲人工昂贵的地区也需要人工切边。除去的草屑都需要人工清除，体现花坛的精细养护

图4 花坛切边处理良好，才能体现花坛的精致园艺

图5 花坛边缘做了“切边”，但宽度过大，给人以粗糙感，周边的草

坪质量欠佳，影响花坛效果

图6 花坛的“切边”不够精细，粗糙，宽度过宽，边缘线条不流畅，影响花坛的效果

图7 花坛的边饰是采用金属隔板处理的，所谓技不如人材料补。采用新的工艺来弥补技能的缺失，也许是种方法

图8 花坛植物种植不宜太靠边缘，种植初期会留出较大的空间，可以采用覆盖物处理边缘，更显精致

图9 质量较差的金属隔板，缺少了精致感，隔板要求材料质量好，尤其是材料的硬度和平整度

图10 粗糙的材料做了花坛的边饰，如用砖块做花坛的边界，粗犷的质感与细腻的花坛不协调；效果欠佳

第五章

花坛的养护与技术

01 花坛养护成功的基础

花坛养护对花坛景观效果的持续呈现起着关键性的作用，尽管花坛讲究即时的华丽效果，季相的变化是通过花卉材料的更换来实现的，但每一季的花坛效果，包括整齐一致性、群体图案精美性等，每个细节都要求精致，并尽可能地维持最佳的效果。所有这些都需要有花坛的精细养护。花坛的养护并不仅仅是施工之后的工作，有效的花坛养护工作需要包括合理的设计和优质的施工。

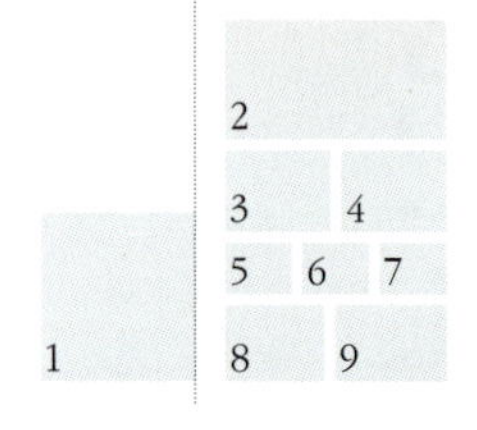

案例23：经典花坛设计与养护

上海复兴公园于1909年6月建成开放，至今已有百余年历史，公园早期主要由法国人设计并负责施工，虽经数次调整、扩建，公园的整体风格依然保持着法国花园的特征，尤其是花园的中心景点"法式沉床花坛"

图1 上海复兴公园内的大花坛，位于公园的中心位置，花坛与公园绿地高度融合，协调。花坛的种植床都处在阳光充足的环境，有利于花坛花卉的生长、开花

图2 花坛的平面图，是个典型的法式沉床式花坛，花坛广场空间占地2742m²，花坛图案由中轴对称小花坛组成对称式的花坛群，实际种花面积仅497m²。花坛中央的喷水池形成了花坛的中心，整体设计不失大气

图3 花坛春季花卉配置天竺葵与万寿菊

图4 花坛秋季花卉配置各色百日草

图5 花坛的尺度与空间把控使得花坛的每个部分都充分考虑了日常的养护操作

图6 花坛两边的图案，施工、养护都很方便

图7 工人在中央喷水池周围的花坛部分养护

图8 原设计的花坛尺度把控，图案简洁、大气有利于花坛日后养护

图9 不当地扩充种植花卉的面积，花坛的尺度失控，图案臃肿，又不利于日后花坛养护

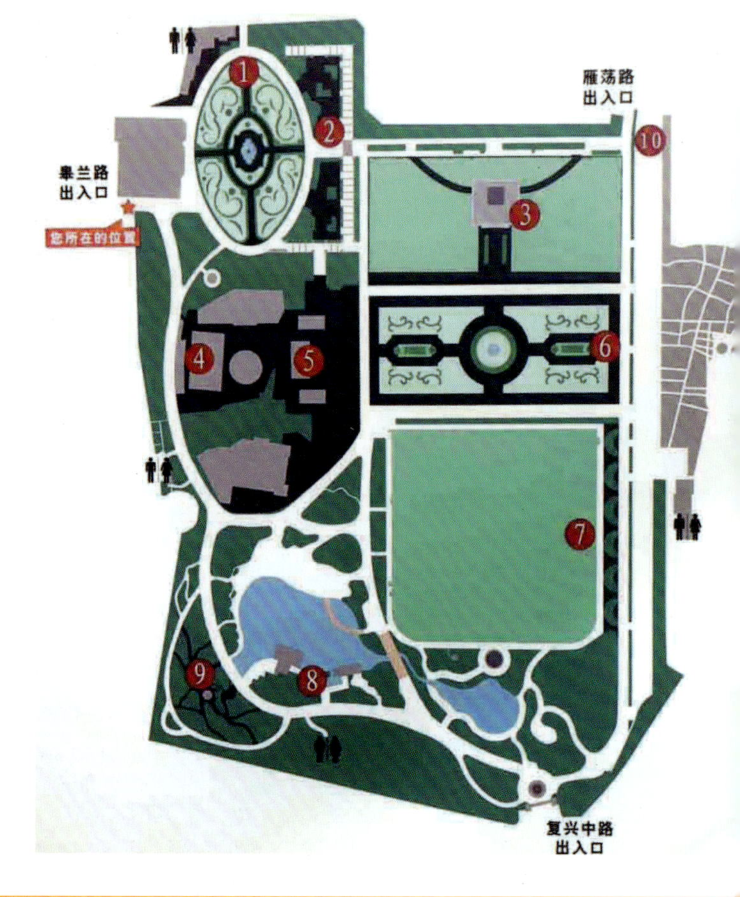

花坛设计的合理性

花坛的观赏性往往是设计师容易关注的，并脑洞大开，创意无限。而花坛植物的正常生长以及日后的养护工作却容易被设计师忽略。这是花坛设计中较为普遍的现象，一旦出错，后期的养护难以纠正，很多情况是无能为力的。常见的问题有以下几个方面。

忽略花坛位置与环境的协调性，片面追求花坛的观赏性

花坛设计最好与花园的绿地环境同步进行，这样最容易使花坛与环境协调，花坛的主景地位明确，并有良好的生长环境，特别是光照条件。因此，在建成绿地中增加花坛，设计前的现场勘察尤为重要，花坛与环境的协调和花坛植物的生长条件须一并考虑。

花坛设计过于花哨，不利于花坛植物的生长，花坛的效果不理想，即使日后养护也无济于事

花坛设计没有考虑绿地环境，花卉植物大部分在树荫下，一串红长势明显衰弱

忽略花坛植物的习性，一味追求花坛的图案效果

设计师需要对花坛植物有足够的了解，不仅是观赏性，还要掌握花坛植物的习性。要知道，花坛植物不同的习性，有很强的季节性差别。喜冷凉的三色堇是无法在炎热夏季展示其花色的，同样地，喜温暖的鸡冠花也无法在低温的冬季展现。同样习性的花卉，由于种类、品种繁多，要做到花坛追求高度的同步，并非易事。这些协调一致性不仅是花期，也包括了形态、质感的匹配度。花坛设计时，花坛植物品种的选择与搭配技术性很强，这些问题靠养护是难以完成的。

忽略了设置花坛的立地条件，花坛效果难以实现

要实现花坛的设计效果，特别需要了解花坛设置的立地条件。在我国，由于大部分的绿地建设对土壤条件重视不够，很多土壤需要改良才能使花坛植物健康生长。因此，花坛设计时需要对立地条件，特别是土壤的改良进行备注，提供改良的意见，这对花坛设计效果的实现非常必要。一旦忽视了花坛的土壤条件，通过后

上海人民广场花坛设计过于复杂，立体造型构架直接遮挡了花坛花卉；被遮挡的花卉难以正常生长，影响花坛效果的呈现

花坛内的花卉品种配置种类杂乱，难以做到一致性，花坛图案效果不良

花坛土壤僵硬，不利于花坛植物生长，日后改善困难

最常见的花坛设计，一味追求花坛豪华，面积过大、过满，不利于日后养护

如需要设计大面积的花坛，传统技术可采用高脚凳进行养护

期的日常养护也无法改善。

忽略花坛设计的尺度把控，片面追求花坛的规模效果

花坛设计为了追求壮观的效果，容易设计成大块面，试图通过规模的宏大来体现花坛的震撼。这样做的结果往往忽略了花坛的尺度把控，特别是花坛宽度的把控，直接影响日后花坛养护的操作性。这样的设计，块面太大，花卉过满的布置不见得有美感，加上日后无法及时养护，花坛的效果就更难保证了。

花坛施工的高质量

花坛施工质量直接影响到花坛的效果，诸如花坛的地形平整、花卉的种植整齐度、种植疏密度等，这些施工缺陷在日后的养护中是无法纠正的。花坛施工质量是花坛养护的基础，或者说施工质量是保证养护质量的前提，有时施工和养护是互相联系的，如花坛的地形的整平，初次做到均匀、平整和饱满是非常困难的。尤其是新建花坛，由于花坛的地形内部紧实程度不同，有时表面整平了，经过雨水冲刷和自然沉降，又会出现凹凸不平，需要在日后换花的间隙重新更新改良土壤，包括不断地进行地形处理。因此，一个设置多年的花坛，地形相对容易平整饱满，新建的花坛施工中，地形的处理难度更大些。

种植施工良好的花坛，花材苗龄恰当，株型整齐，种植后依然保持地形饱满圆整

02 一、二年生花卉的常规养护

花坛植物的主要种类是一、二年生花卉，花坛的日常养护其实是一、二年生花卉的养护，即根据花卉的种类和习性，最大程度地满足其正常生长、发育对环境的要求，主要工作有以下几方面。

光照充足

花坛的场地需要阳光充足，适合花坛布置的一、二年生花卉绝大多数是喜光的，要求阳光充足。光照不足，影响草花的生长，尤其对开花质量和数量影响很大。有时，在一些偏阴的场地需要布置花坛，可以选择的品种非常有限，需要特别关注。

温度调节

设置在露地的花坛，主要根据自然季节性的气候选择合适的花卉种类和品种来实现对温度的适应。由于花坛植物是按季节更换的，因此，需要结合不同的气候温度，选择对应的花卉种类和品种，才能呈现出花坛的效果。需要注意的是同一种类、品种可以在不同季节使用，但每个季节的表现是不同的，如万寿菊，春夏季节用的品种宜选中高茎类的品种，如‘梦之月’；夏秋季节则宜选用矮茎品

春季万寿菊品种试验，右边的‘安提瓜’矮生品种，显然不发棵；推荐采用左边的中茎品种‘梦之月’

人工浇水是花坛养护的基本工作，尤其在种植初期

花坛种植面积过宽，可以用竹竿牵引，便于浇水养护

种，如‘安提瓜’。二者用反了，夏秋的高茎类万寿菊品种会枝叶徒长；春季用了矮茎类品种会出现僵苗，不发棵而失去观赏效果。再如同样的一串红，每年5~10月均可以用作花坛布置，但不同的阶段，生长期，特别是小苗至开花的时间是不同的，这些都与气温有关。草花品种与气温的这种关系需要平时的积累，方能达到花坛预期的效果。

水分管理

水分管理是满足植物生长、发育的基本工作，也是花坛日常养护的最主要的工作。

每次浇水必须浇透，意思是浇水必须彻底，浇到深至植物根系的底部，使根系能充分吸水。浇水渗得越深，根系向下扎得也越深。

浇水的时间以清晨为好，这是因为植物的生理活动往往是早晨开始进入整天生长，包括植物的蒸腾作用，整个白天是植物需水量最大的。除非特别酷热，植物严重缺水，不建议傍晚浇水。晚上植物生理活动弱，光照、温度均低，植物的需水量低，不易缺水。晚上过多浇水，第二天早晨会误认为土壤湿润而漏浇水，导致白天缺水。避免酷热的午后浇水，会灼伤植物。

天然的雨水永远是植物生长最好的、最安全的水质，人工浇水必须要确保水质安全，即不含植物生长的有害物质，忌用碱性过高的水。

植物由根系吸收水分，通过茎秆将水分传送到叶面，完成其生理活动，最后由叶面散发水分，这个过程称为蒸腾作用。植物需水量的大小取决于植物蒸腾作用的大小。因此，养护时，应该多久浇水。浇水量由土壤类型、气候条件和植物的生长阶段等因素决定的。

土壤类型

黏土的颗粒细，水分吸收性强，排水性差，土壤容易常湿不干；沙土的颗粒大，孔隙大，水分流失快，土壤容易干燥。壤土是由大小颗粒组成的，水分干湿协调，有利于浇水管理。只要浇足水分，土壤能保持一定的水分，多余的水会排掉。这一点在施工时，土壤改良时就应该完成。

气候条件

如风大、干燥、高温需要浇水量大，浇水频率高。这是因为这样的气候植物的蒸腾作用加快，叶面的水分蒸发加快，当植物根系从土壤获得水分的量和速度跟不上叶面水分蒸发的速度时植物就会萎蔫，就需要人工浇水来补充。

植物的生长阶段

对于花坛应用的草花来说比较简单，花坛内的草花都处于植物的生长期，对水分的要求都很高，需要提供足够的水分。

花坛养护中的水分管理，除了浇水，还要注意排水。由于花坛设置在露地，当雨季来临时，如上海地区的夏季，有时会有台风、暴雨，瞬时雨量很大，造成花坛内的水分过多，需要及时排水。因此，花坛土壤不仅要排水良好，也应设置在地势高燥处，有利于及时排水，遇到罕见突发天气，雨量过大，需要动用抽水设备排水，防止水涝。

科学施肥

对于花坛内的一、二年生花卉，由于都处在生长、开花期，主要以追肥为主。

肥料的选择

常见的肥料有颗粒肥料和液体肥料。颗粒肥料，绝大多数是复合肥料，一般会含有所有的大量元素，呈丸粒化，袋装或盒装。这些肥料主要是缓释肥料，会随水慢慢溶解，让植物根系慢慢吸收，使用的时候非常方便，只要按肥料的说明，大约每平方米的土壤加入50 ~ 100g的复合肥。液体肥料，瓶装，一般是速效性的肥料，特别是微量元素的补充，可以随浇水一起施入土壤的根系附近，作为追肥以免流失。

施肥的方法

施肥要在土壤疏松，花苗根系生长旺盛的前提下进行。传统有“薄肥勤施”的宝典，意思是施肥宜分量多次，忌讳一次性浓肥。这是一种比较保守而安全的施肥方法，现代农业技术可以通过测试土壤的盐分含量，即EC值

上海世纪公园花坛的四季换花：春季的四季秋海棠

上海世纪公园花坛的四季换花：秋季的万寿菊与一串红

（一定程度上反映了土壤养分含量），再根据植物对养分的要求进行施肥。这种方法对花坛花卉的追肥有一定可操作性。草花理想的土壤EC值为2.0 ~ 3.0，而施肥一般都是随着浇水，用液体肥料施入土壤的。通常将用于追肥的液体肥料的EC值调到3.0 ~ 4.0即能满足大部分草花的肥料需求。施肥频次、浓度与气温有关，夏季气温高，浇水频次多。因此，每次施肥浓度宜低些，自然就是“薄肥勤施”了；但冬季气温低，浇水次数明显少了，每次随浇水施肥的浓度宜高些，才能满足花卉对土壤肥料的需求。

季节性更换

花坛内的一、二年生花卉，只能一季盛花，开花后便完成其生活史了。这样到了下一季节，需要更换当季的花卉才能继续保持花坛的观赏性。花坛植物的季节性更换是花坛特有的养护工作，在上海及长江中下游地区，这样的草花更换，每年至少4次。

花坛的季节性换花是花坛养护的常态，因此，在设计花坛时，尤其是公园绿地中的常态花坛，其外形和图案宜保持不变，尤其是保持花坛图案不变，便于养护。同时在花卉品种清单中应有下一季节的更换品种，甚至计划做到一年四季的更换品种。这样的计划性，非常有助于花卉材料的准备和按时、按质地进行花坛植物的季节性更换。

上海世纪公园花坛的四季换花：夏季的太阳花

上海世纪公园花坛的四季换花：冬季的三色堇

花坛植物更换时，需要每年至少对花坛土壤进行改良和消毒，保持土壤具有良好的理化性状。每次更换花卉都要重新进行花坛地形处理，保持平整和饱满。对于初次营建的花坛，是修补土壤地形的时机。花坛植物更换时的花材准备和种植技术同施工种植。

花坛换花期间，白地裸露时间不宜过长，尤其在公园绿地的常态性花坛。一般不得超过14天，最长不超过20天；北方地区由于气温的原因冬季无法种植可能会有长时间空秃。在花坛空秃期间，现场应设置围栏和警示标志。

病虫害防治

花坛花卉的病虫害防治提倡生物防治，减少或尽量不用农药，事实上化学药剂的使用既复杂又难以把握效果。目前比较有效的花坛花卉病虫害防治方法的三大要点：种植前的土壤消毒，及时清除各种病源虫源，提供良好的花卉生长条件；正确的种植，尤其是选用健壮合适的花苗；采用新优的抗病性品种。近年来，花坛植物的抗病性是一个新的品种竞争趋势，成功的例子有长春花‘烈焰战神’，具有抗多种疫霉菌的基因，提高品种的抗病性，调控合适的种植密度，大大降低了长春花因病致死的困扰。另一成功的例子是何氏凤仙，何氏凤仙有段时间在世界范围内广受霜霉病的危害，得病植株出现大批死亡的情况，何氏凤仙使用量急剧下降，直到何氏凤仙‘溢美战神’的出现，这个具有抗霜霉病的品种在英国首先试验成功，使得何氏凤仙再次被恢复应用。

案例24：何氏凤仙抗病品种

图1 何氏凤仙霜霉病危害植株

图2 感染霜霉病的何氏凤仙影响花坛效果

图3 上海源怡抗霜霉病品种‘溢美战神’（左）与普通品种的对比试验，5月10日种植，拍摄时间6月9日，普通品种得病后枯死严重

图4 抗霜霉病品种‘溢美战神’植株生长、开花正常

1 2
3
4

03 花坛景观维持的养护

中耕除草

花坛是花园绿地最精细的花卉景观形式，花坛中任何类型的杂草必须及时清除。花坛养护期间，对于花坛内的杂草必须采取零容忍的标准，及时清除，维持花坛的精致美。花坛内的杂草一般采用人工清除，可以说是费工费时。因此，花坛施工时的土壤消毒，清除杂草残根、杂草种子是有效的防治措施，可以大大减轻日后的养护工作。

清除残花

花坛花卉要求开花整齐一致，形成即时的华丽的群体美，呈现精致效果。每当盛花高潮过后，百花凋谢，一旦有残花滞留便会产生视觉污染，严重影响花坛的观赏性，更不用说花坛的精美效果了。残花的滞留还会影响植株后续的复花。清除残花不仅可以保持花坛的观赏性，而且能延长花坛的观赏期。

当花坛内的花卉出现谢花时，能观察到植株还有许

日本街心花园内，花坛内的人工除草是常态

案例25：花坛内清除残花

图1 花坛内的孔雀草残花滞留植株上会影响视觉效果

图2 万寿菊残花会影响观赏效果

图3 及时清除万寿菊残花

图4 清除残花后的万寿菊，尽管花量不多，略显空隙，但视觉效果良好

1

2 3

4

百日草有许多谢花，同时还有花蕾

清除残花后的百日草，花坛会有短暂空隙

百日草复花，花坛内迅速花朵丰满

许多多含苞欲放的花蕾，10月19日的百日草，经过国庆盛花后，不少花朵开始枯谢，但可以看到有更多的花蕾（见本页上图）；把这些枯萎的残花清除，11月12日又一次进入盛花（见本页下图）。如果不及时摘除残花，植物体内的营养会集中供给那些残花结果，形成种子。及时清除了残花，植株体内的营养会促使花蕾迅速开花，形成连续不断的观花期。

同样的如天竺葵、一串红等常见的花坛花卉都需要及时摘除残花，便能形成二次开花，大大延长花坛的观赏期。在花坛养护工作中，如果我们掌握了摘除残花，类似于摘心到下次开花的时间，可以进行花期的调节。不过，有些花坛植物的品种如黄晶菊、四季秋海棠、何氏凤仙等，开花后残花很容易掉落，不会残留在植株上影响花坛的观赏性。这类所谓自洁能力很强的品种特别受花坛设计师的喜爱。因为，摘除残花毕竟费时费力，有时被忽略，有时却难以操作，影响了花坛的效果而不被应用。于是，育种家就把自洁能力，包括降低结籽率也作为了育种目标，大量的无性系品种就此诞生了。

缺株补种

花坛养护期间，由于各种原因，如病虫危害、机械损伤等，造成花坛内个别花苗死亡，缺株，影响花坛的整体效果。对花坛内的缺株或空秃应及时补种同品种、同花色、同规格的植株。

修剪整形

花坛的一、二年生花卉绝大多数是不用修剪的，但由红绿草组成的毛毡花坛，包括立体花坛就必须修剪整形，只有经过精细修剪的红绿草才能体现出花坛的美。红绿草作为毛毡花坛或立体花坛已经成为一种经典的搭配，也是最常见的。修剪整形成了这种花坛养护中的必要措施。因此，红绿草修剪成了专项技术，未经修剪的红绿草花坛是严重的养护缺失。红绿草花坛的修剪技术包括以下几方面的内容。

天竺葵虽有了残花，但周边有更多的花蕾

残花清除后的天竺葵，花蕾爆开，形成了见花不见叶的效果

花坛内的百日草有缺株

通过补种同色、同批次的植株，恢复了花坛的效果

上海某公园未经修剪的红绿草花坛，图案模糊不清，花坛景观凌乱

种植前的土壤准备

特别是立体花坛，土壤介质的准备非常重要，要确保种植后的红绿草能迅速生长。

种植时间的规划

红绿草花坛种植后需要经过修剪才能体现出花坛的效果，有时还要经过不止一次的修剪。我们就要计划好种植时间，以保证种植后的红绿草有足够的生长时间，并完成修剪，达到目标的最佳观赏期。如“国庆”见效的红绿草花坛，需要在9月初完成种植，才可能在9月底之前完成修剪。

修剪技术的训练

红绿草修剪不是一项简单的工作，无论是平面的，还是曲面的，或凹凸有致或清晰的边界。要做到平整、精细，需要技巧和熟练的操作技能。

周边养护

花坛存在于花园绿地中，是绿地景观的一部分，尽管常常是主景。花坛的养护除了花坛景观的养护工作，对花坛的周边环境，包括陪衬的草坪、绿植同样需要做精细的养护，花坛与环境是密不可分的整体。主要工作包括：

草坪修剪与养护

花坛建植时就强调了花坛与草坪之间切边的重要性，体现花坛的精细美。花坛养护过程中，切边的草丛会生长，如不及时修剪，这个边缘因草丛生长而杂乱，定期的修剪是保持花坛精细的重要措施。修剪的方法与要求同切边施工。

花坛养护期间，不仅要保持切边精细，草坪的修剪维护也非常重要。草坪的质量很大程度上影响着花坛的效果，二者是相辅相成的。因此，草坪的养护与花坛内的花卉养护同样重要。为了保证质量，草坪的更换也是必要的。有时花坛的边缘可能是道路或其他覆盖物，花坛养护也应该包括这些道路等的维护，避免出现破损而影响花坛的效果。

绿植的养护

花坛绿植是指那些在花坛中起点缀作用的植物，往往是造型树木或灌木，如各种绿化球类、柱类，起着花坛的骨架、中心或组织空间的作用。花坛养护期间同样要对这些绿色植物进行修剪和调整。

上海甘泉公园内进行修剪的红绿草花坛，花坛图案细腻，精致美观

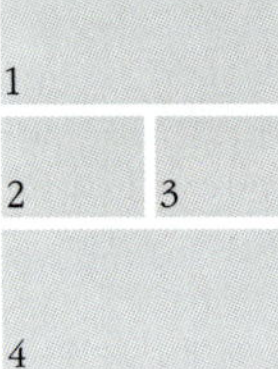

案例26：红绿草修剪技术

图1 上海武宁公园内的红绿草毛毡花坛

图2 红绿草修剪要求细腻、平整、凹凸有致

图3 修剪可以凸显各种图案，如党徽

图4 修剪讲究细节，包括文字的边界整齐，展现精致园艺的花坛特色

花坛边缘的切边修剪，保持花坛的效果良好，彰显花坛养护的精细

设施的维护：花坛常用的设施，如起保护作用的栏杆，作为花坛中心的雕塑、喷水装置等。花坛养护需要对这些设施进行维护，保持花坛与环境相融，协调。

环境保洁：花坛在花园绿地中的占地较大，有些花坛是步入式的，游人活动频繁，导致各种生活垃圾的滞留。花坛养护必须保持环境的整洁。

英国伦敦白金汉宫广场花坛的草坪采用更换养护

更换后高质量的细致草坪，衬托出花坛的华丽效果，保持皇家花园的珍贵、奢华

花坛周边的道路，围栏设施维护

花坛周边的草坪精细养护

第六章

花坛的变化与发展

01 花丛花坛

盛花花坛在国外的演化

花坛的产生，受意大利文艺复兴的思想影响，讲究有序、平衡、和谐之美。文艺复兴时期花园设计的代表人物，雅各布·维尼奥拉（Giacomo Vignola）更是将花园美归结为几何美，花坛的美就是使用方格表达结构与形状，几何形构图是当时花园布置的主流方式。因此，花坛有着明显的特点，即规则有序、群体和谐和均衡图案的效果。这样的花园之美，简明扼要、通俗易懂、可行性强，使得花坛在世界各地广泛地传播。

由于人们对花园植物景观的审美有着不同的追求。花坛在欧美花园的百年变迁中也在发生着变化，20世纪初，英国的自然式花园占据了主导，影响了整个欧洲花园的走势。威廉·罗宾逊（William Robinson，1838—1935）是个极力主张自然式花园的代表人物，反对一切整形的、规则的造园手法，特别是盛行于维多利亚时代的图案式花园（Patterned Gardening），包括绿雕（Topiary）、模纹花坛（Carpet Bedding）以及在花园里种植温室花卉。花坛几乎被花园植物景观师淘汰，好像花坛被遗弃了。综观花园发展全史来看，花坛的冷落只是一个片段而已，并不是花坛的消亡。相反，花坛融入了自然植物景观的风格，得到了发展。我们现在在欧美的花园内看到的花坛，不仅仅是平面的模纹图案花坛，更多的是有高低变化的盛花花坛。这种犹如花丛般的花纹变化，正是融入了自然植物景观的形式。传统的平面模纹图案的盛花花坛，笔者走访的东欧国家如匈牙利、爱沙尼亚、拉脱维亚等还普遍存在，在其发源地英国反而越来越少见。花坛的即时亮丽的景观效果仍然是其他花卉应用形式难以比拟的，譬如，位于加拿大，享有世界最美花园美誉的布查特花园，主要花卉布置手法就是沿用了英国维多利亚时期流行的盛花花坛，每年100万盆的时花更换起到了至关重要的作用。近年来“花坛复兴”的呼声在英国的BBC花园节目中出现，这说明人们又在反思，如何重振盛花花坛的繁荣。花坛的发展轨迹，同所有事物一样，在认识、否定、再认识中不断地重生，花坛会如何发展，我们拭目以待。

日本横滨花展上花丛花坛的展示

盛花花坛在我国的演化

花坛随着法式花园进入我国的时间非常早，几乎同欧洲花坛的兴盛期同步。花坛经过了一个多世纪的发展与变迁，无论是欧美国家，还是我国的花坛都有了巨大的变化。虽然变化的轨迹并不一致，但花坛本质特征都得到了保持。因此我们才认为花坛在花园中依然存在，并在不断地发展。

我国的花坛形式在城市公园一直存在，并且成为公园内草本花卉最主要的应用形式，特别是20世纪50年代，花坛沿用了欧美的盛花花坛形式，拥有比较完整的花坛技术措施。花坛的兴盛是“改革开放”之后，尤其是20世纪90年代以来，花坛有了很大的发展，但其发展轨迹与国外不同，主要表现为两个方向：传统模纹图案的盛花花坛和大型庆典用的主题花坛（后续详述）。笔者在40多年的国内花坛技术研究与实践中发现，我国城市公园内的花坛技术，强调了花卉的精致性，更加尊重花坛的传统技术，尤其是花坛起初的模纹般的图案效果。这样的花坛具有很强的花园协调性和融入性，因此，大大提高了花园景观的观赏性，被花园设计师广泛应用。花坛技术的推广应用，也培养了一批花园工匠，提高了花坛花卉的品种与质量，为精致花园的建设做出了贡献。由于对花坛图案效果的追求，花坛的构图越来越平面化，即便有高低的变化，也是通过营造地形来实现的。与欧美花园中花坛的演变相比，出现了以下3个方面的问题：

（1）花坛中可以选择应用的花卉种类太少，很大程度上是受限于强调平面化的花坛图案效果。主要选择植株低矮、分枝紧凑、株型圆整、花朵密集的种类。

布查特花园早春的球根花卉花坛盛况

上海陆家嘴中心绿地的盛花花坛

中国民俗风味的主题花坛

上海中山公园内的中央花坛，通过地形营造的高低变化

英国沃德斯登（Waddesdon）花园的花坛，通过花卉的株高，形成的高低变化

花卉的配置犹如花束般的花坛

日本公园入口处展示的各种圆形花丛花坛

（2）花坛的图案变化非常有限，主要以几何图形和线条的变化为主，图案中规中矩，雷同的图案反复出现，也会产生视觉疲劳，难以突破。

（3）花坛图案的规整与花园环境协调有特定的要求，这样会限制花坛的应用场所，过于规则的图案常常与相对自然式的植物景观发生冲突，难以协调。

花丛花坛的提出与推广

19世纪后期，强调以一、二年生花卉组成的花坛开始盛行于英国，花坛作为强烈的装饰元素用于花园，并传播到世界各地。花坛虽然有着规则图案特征，但并没有硬性的平面构图规则。花坛传入我国的时间很早，有百年以上的历史。我国首部花坛专著，夏诒彬先生的《花坛》一书中主要引用了欧美的花坛，进行了详细的描述，甚至包括了其他的花卉应用类型，如宿根花卉的花境，花灌木等，并没有涉及花坛一定要求平面图案的规则。

基于花坛在我国花园内广泛使用只是最近30年左右的时间，以传统模纹图案花坛为主，有着寻求发展与变化的需求。结合当今欧美花园内花坛形式的现状，笔者将其命名为“花丛花坛”是因为其花坛之规则的、群体的、图案效果的三大特征依然保持着，花坛的外形仍然保持着几何形，花坛内部的花卉配置仍然讲究有序的花纹，尽管看似随意自然，其实规律、有序、和谐。花丛花坛植物配置成有规律的高低错落，或是中间高，四周渐低；或是前低后高。突破了传统花坛的色块图案，呈现出更加活泼的图案感。植物材料依然采用一、二年生花卉为主，花坛内花卉的花期整齐划一，展现花坛的盛花效果。花丛花坛并不是传统图案花坛的替代，而是发展与演化，可以视为花坛的变形，与图案花坛并存。花丛花坛的应用，可以大大丰富

花坛花卉的种类与品种；花坛图案的景观效果更加灵活多变；花坛应用的场景更加广泛。

花丛花坛的类型与技术要领

花丛花坛的常见类型

花丛花坛其外形保持着几何形的花坛特征，主要类型有圆形，包括正圆形、半圆形和各种异圆形；角形，包括正方形、长方形、三角形、长条形或带形。

花丛花坛的变化特点

（1）花坛图案呈现的突破，大大

案例27：花丛花坛的类型

图1 上海动物园内的圆形花丛花坛
图2 英国哈罗小镇的圆形花丛花坛
图3 日本横滨街头的圆形花丛花坛
图4 新西兰南岛公园门口的圆形花丛花坛
图5 日本横滨街头的圆环形花丛花坛
图6 英国小镇广场上的三角形花丛花坛
图7 日本的三角形花丛花坛
图8 挪威赫尔辛根街头的长方形花丛花坛
图9 加拿大街头的方形花丛花坛
图10 匈牙利首都布达佩斯链桥旁的条形花丛花坛，颇具自然风
图11 花园草坪上的条形花丛花坛
图12 建筑墙基的条形花丛花坛
图13 白金汉宫门前大草坪上混合型的花丛花坛

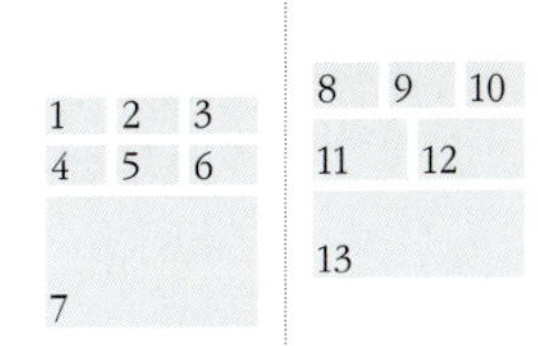

丰富了花坛的景观表现力。花丛花坛的图案变化主要表现在两个方面。首先，花丛花坛的图案变成了立面的竖向景观与平面图案相结合的形式，有了植物的高低错落，使得花坛景观更加生动。其次，花丛花坛仍保留有规律的图案，但更显自然风貌，景观效果变化无穷，与花园植物景观更易融合、协调。

（2）花坛植物选择的突破，大大丰富了花坛花卉的种类与品种。花丛花坛的花卉选择更加广泛。一方面，花丛花坛使得竖向线条的花卉品种有了用武之地，包括各种特性的花卉品种，如大叶株型；另一方面，花丛花坛应用的花卉类型更加广泛。只要能按一、二年生花卉栽培，并有较好的即时盛花效果，包括球根花卉、宿根花卉，甚至花灌木。

（3）花坛外形和规模的突破，花坛布置的场景更加灵活。传统的图案花坛讲究的是规整大气，往往处在花园绿地中心地带，需要环境的陪衬，有着特定的限制。花丛花坛外形更加灵活，规模也随意得多，能随着环境点缀。可以是点状的小景，路边一角的装饰；也可以不断地重复扩大，与环境协调。

花丛花坛与花境的交集

花丛花坛作为花坛的变型被广泛应用于花园，尤其是条形或带形的花丛花坛与花境如何区别呢？理论上花坛与花境是两种完全不同的花卉应用形式，有着显著的

加拿大小镇道路交通隔离带上的条形花丛花坛

案例28：花丛花坛的形成

图1 传统的平面模纹花坛，中间加上苏铁便形成了花坛的中心，增加竖向的变化

图2 天竺葵组成的平面花坛，中间配置株型较大的新西兰麻，形成了花坛的中心，更具有立体感

图3 花坛中间的绿叶植物，形成中间高、四周低的花卉配置，突破了花坛图案的呈现

图4 花坛的花卉配置有了立面层次的变化，形成了花丛花坛

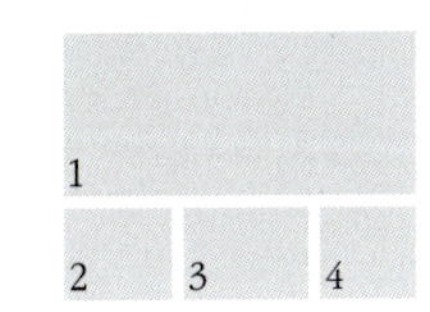

区别，形成的具有典型性的花坛或花境是不能混淆的。花园的实际应用中遵循的往往是有章可循，而无法可依。尽管表6-1可以帮助我们进一步理解花坛、花丛花坛与花境的区别，但花卉景观营建会因花园的绿地环境各异而做出协调性的调整、优化。花丛花坛是花坛的变化形式也是基于这样的原因，条形的花丛花坛就与非典型的狭窄的花境有许多交集之处。这种情况，一定要非白即黑地争明白是花境还是花坛已无关紧要了。称之为带状花丛花坛也好，一、二年生花境也罢，笔者均能宽容地理解并接受。能体现设计师的意图，满足花园主的喜好，符合景观效果的呈现才是最重要的。

加拿大维多利亚市街头的花丛花坛，花坛植物类型非常丰富

英国伦敦街心花园内前低后高的花丛花坛，花坛植物种类丰富

奥地利巴特奥塞小镇的商店路边，狭小的空间，花丛花坛的点缀显得尤为贴切

设置在商业中心的停车场内狭小分隔带上的花丛花坛

酒店门厅入口处的花坛点缀

英国邱园大温室前面的大花坛，采用的就是花丛花坛

狭窄的空间种植的花带，是花坛或称花境已不重要，起到美化作用才是要点

表6-1　花坛、花丛花坛与花境的区别

	（图案）花坛	花丛花坛	花境
花卉类型	一、二年生花卉（部分球根花卉）	一、二年生花卉（所有作一、二年生花卉栽培的，包括球根花卉、宿根花卉、花灌木）	宿根花卉，混合花境可以有一、二年生花卉、球根花卉、观赏草类、花灌木等
花卉形态	株型圆整，低矮丛生，分枝多，花朵密集	竖向线条，植株直立，较高。也可以是株型圆整的	竖向线条，植株直立，较高。包括各种株型
花期特征	整齐一致	整齐一致	此起彼伏，包括不同花期的植株
花床形状	圆形、角形、条形	圆形、角形、条形	条带形
景观风格	规则式	规则式	自然式
景观持久	即时盛花，季节性更换	即时盛花，季节性更换	至少每年三季有花，景观维持三年以上
演化关系		花坛的变型	特别狭窄的一、二年生花卉专类花境

花丛花坛的技术要领

花丛花坛种植床的构建

拥有清晰的种植床是花坛的显著特征之一，花坛种植床的外形常为几何形体，如圆形、长方形等，花丛花坛也如此。由于花丛花坛的植物配置更显自然，因此，保持花坛种植床的形态非常重要。草坪或道路作为明确的边界，形成种植床是最常见的方法。许多花园设计时，用砖砌成花台，在硬地广场的中央设置花坛是常用的方法。花丛花坛由于追求自然构图，也可用修剪整齐的低矮绿篱围合成花坛的种植床，这种灵感来自花坛早期的法式图案花坛。

草坪中间设置花坛的种植床是最常用的方法

花卉规律性混合配置

混合栽植是花丛花坛花卉配置和种植的关键技术，花坛的混合栽植是按一定规律，即设计欲表达的图案，将不同的花卉品种组合种植的方式。这种混合栽植是利用了花卉的类型、植株的形态、枝叶的质感、花朵的色彩和花卉的花期等不同，组合成有序的景观图案。花丛花坛中的花卉材料，除了一、二年生花卉，会混合球根

硬地广场上的花坛种植床

低矮绿篱围合的花坛种植床

花丛花坛混色的花卉种类非常丰富

花丛花坛中有规律地排布着‘天使翅’千里光，银白色的大叶片，莲花状排列，其形态、质感与周边的舞春花形成了强烈的对比，组成花坛的图案

针茅草细腻的枝叶，飘逸的质感与紧凑枝叶的矮牵牛之间的反差，呈现别具一格的花坛效果

番薯藤宽阔的叶片与细腻叶的波斯菊，飘逸的观赏草之间质感的反差，组成和谐而富有变化的花坛景观

花卉、宿根花卉甚至花灌木。其选择原则是当季效果强烈，而不在乎下一季的观赏性，即一、二年生栽培的特性。

花卉形态与质感的变化是花丛花坛构图的基本元素，花卉的形态不限于那些株型圆整、花朵密集的品种，各种植株竖立、枝叶疏松的品种都能混合种植。花卉的枝叶质感也是如此，更加广泛、丰富。花色不同于模纹图案花坛采用纯色为主，花丛花坛宜采用混色搭配为主，讲究协调和稳定的花坛景观，与西方式花艺中色彩斑斓的花束非常相似。花丛花坛所混合的花卉品种，其花期追求相对一致的盛花效果，也有考虑花期错位，达到适当延长观赏期的目的。花期混合搭配应以重叠为主，保证盛花效果，交替为辅，以更换的季节时限为依据，体现花坛的特征。

深浅不一的蓝色形成的渐变色，清新自然，整齐一致地开放又不失盛花花坛的效果

花卉搭配的构图原理

花丛花坛的花卉配置是将不同形态的花卉品种，枝叶粗细不一的质感按以下艺术构图的原理，如高低错落、上轻下重、上散下聚等进行组合搭配，形成既飘逸自然，又端庄稳定的花坛景观效果。

规律性重复种植技法

花丛花坛虽然融入自然的气息，有了灵动的随意感，但仍然保留着花坛的规则构图，只是这种规律性的变化被自然的外表掩盖了。正是这种隐藏的规律保持着花坛景观的有序和稳定。既活泼、变化，又和谐、稳重，才是花丛花坛的魅力所在，规律性地重复种植，简单易行，操作性强是实现这种效果的关键技术。花丛花坛的这种种植技法是基于连续纹案的原理，即根据条理与反复的组织规律，以单位纹样作重复排列，构成无限循环的图案。

花丛花坛的花卉配置，通常是将几种花卉按构图原理组成类似花丛单元或

花丛花坛充分利用混色搭配，常呈现出渐变色的效果，花坛景观更加丰富

大花葱的高挑与基部矮牵牛的密植形成反差，呈现出别致的景观

半圆形的种植床，看似不经意的高低错落，其实服从于构图原理。自然活泼，稳重端庄，花坛的景观变化无穷

组成花丛花坛的一个单元

多个单元重复组成花丛花坛

几个小单元组成的花丛单元，并由这些单元重复种植而成。其关键是保持花坛连续纹案的自然、紧凑、优美与流畅。如本页左上图所示，中间银白色雪叶菊，紫色岩芹和蓝色风信子，两侧红色的报春花和白色与玫红色的雏菊，背后的黄色郁金香组成一个单元花丛。整个花坛就由这样的一个单元不断重复种植而成的花丛花坛，如本页左下图。

花丛花坛的重复配置技术主要可以分成等量式单元重复种植，即重复的单元体量大致相等，即A-A-A，或AB-AB-AB或ABCD-ABCD-ABCD。相对地有非

案例29：花丛花坛的重复配置技术

图1 正前方两棵紫色的岩芹，周边是三色堇，右侧是常春藤，后方为七里黄，羽衣甘蓝和白色的郁金香组成花丛花坛的一个单元

图2 整个花丛花坛由多个单元重复组成

图3 这个组合单元中白色的四季秋海棠和玫红的长春花，互换的位置，其实是由两个小单元组成的花丛花坛

图4 然后由这样的单元重复种植成花丛花坛这样的组合单元也可以由两个以上的小单元组成，能增加花坛景观的变化，丰富花坛花卉品种

图5 这个花坛组合的单元可以分成两个小单元或再细分成4个小单元，即含有ABCD 4个小单元

图6 含有2个小单元，即AB单元

图7 含有另外2个小单元，即CD单元

图8 2个组成单元的重复种植

图9 n个单元的重复。这样不断重复种植成颇具规模的花丛花坛

1	5	6
2	7	8
3	9	
4		

组成花丛花坛的大小不同的单元

含2个小单元，半边莲与孔雀草为a单元；香雪球与孔雀草为b单元

等量式单元重复种植的花丛花坛，即A-b-A-b-A-b模式，花坛的景观变化更丰富并有节奏感和韵律感。如上图的组合由两个大小不同的单元组成。黄色的鬼针草，两侧大丽花和紫叶番薯组成大些的单元，红色的球根秋海棠和向日葵组成小些的单元，一大一小组成花丛花坛的单元。这样的单元

组成A-b-A-b-A-b重复的花丛花坛

的重复种植就形成了花丛花坛。

花丛花坛的重复种植技术不仅用于条形和长条形的花坛，圆形和方形也是一样的，设计时只要设计一个单元的花卉组合，通过有规律地重复，完成花坛的花卉配置。如下页左上图所示的圆形花丛花坛，圆形可以十字划分为四块，每个单元有白色禾叶大戟加上白色的矮牵牛、红色的重瓣花坛香石竹和白色假马齿苋组成花丛的单元，并重复4次种植而成。圆形花丛花坛的重复数量取决于花坛面积的大小，可以4个重复，也可以6个、8个或更多的重复，重复单元宜对称分布，比较稳定，协调。方形花丛花坛也是同理，重复种植对花丛花坛的花卉品种配置具有简便而操作性强的特点，也不失景观的丰富。下页左中图是捷克首都布拉格的广场花坛，为方形的花丛花坛，花卉品种的配置有着明显的重复性。

花丛花坛的常见应用场所

花丛花坛是由传统花坛演化而来，既有花坛的规则、群体效果，特别是保留盛花的即时效果；同时又有自然、随机地组合，灵活的花卉品种搭配和更加丰富的花卉种类选择。如此种种，花丛花坛的应用场景更加广泛，各种生活环境，总有一款合适的。居住社区的活动中心，如p352下图。商业街道的一侧，如本页左图，宽阔的人行道上，小小的花丛花坛起着分隔和点缀的作用，活跃了商业街的气氛。道路的中央隔离带上，采用花丛花坛，给快速驶过的人们带来赏心悦目的景色，而无须浏览细节之美。公园绿地仍然是花丛花坛主要的展示场所，为公园植物景观增添无限景观色彩。

圆形花丛花坛，按十字形等分，重复图案组成

挪威佩尔根市政广场的花丛花坛，可以分辨出AB-AB-AB模式的重复种植手法

方形的花丛花坛，花卉配置非常丰富，重复元素依然清晰可见，孔雀草、鸡冠花、百日草组成的元素在花坛内不断重复呈现

条形花丛花坛，花卉的配置有着明显的重复性

社区中心小亭两侧的花丛花坛

商业街人行道上的花丛花坛

上海四平路机动车隔离带上的花丛花坛

日本横滨花园入口的花丛花坛

匈牙利首都布达佩斯花园内大面积的条形花丛花坛

02 立体花坛

立体花坛的起源与发展

立体花坛的起源

立体花坛的起源可以追溯到花坛盛行的初期，当时就出现一种特殊类型的花坛——毛毡花坛。这类花坛的特点是花坛内花卉品种仅限于株型密集、低矮，枝叶细密，耐修剪的花卉种类，以表现地毯状图案的花坛，花坛图案以精密、精致、细腻为特征，被誉为二维的马赛克种植艺术（2D mosaiculture），这一术语由法国里昂的园丁J. Chretien 于19世纪60年代首次提出。之后，毛毡花坛逐渐流行并形成高潮，在世界各地均有沿用，直至今天。

立体花坛（3D mosaiculture）是三维的马赛克种植艺术的呈现。这种立体花坛可以追溯到1900年，英国沃德斯登庄园的艾利斯·罗斯柴尔德小姐开创了立体花坛的先河。庄园的花园内至今保留着当初的两个“百灵鸟”立体花坛作品，并有详细的作品起源介绍。花坛的立体造型，

典型的毛毡花坛，常以波斯地毯图案为蓝本，也是之后拓展的立体花坛的基本灵感

艾利斯·罗斯柴尔德小姐于1900年设计的“百灵鸟”立体花坛，是现存最早的立体花坛作品

作品边上的标牌，详细叙述了这组立体花坛的起源

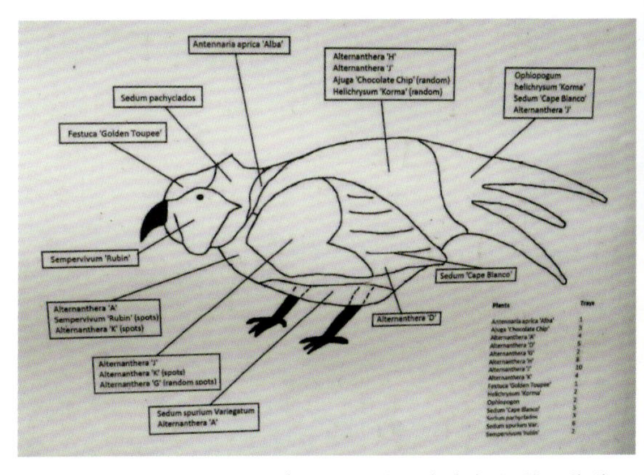

标牌上详细记录了“百灵鸟”立体花坛各个部位所用的花卉品种

艾利斯小姐设计的另一个“百灵鸟与大南瓜”的立体花坛

先由铁匠搭建花坛的结构，并在内部设置好灌溉系统。光种植1万多棵苗就需要4个人种上几天才能完成。然后就是补苗和修剪工作，才能完成整个作品，虽然耗时、耗财、费工，但一个好的立体花坛称得上是艺术品。

立体花坛的概念

立体花坛特指运用枝叶细密、观赏期长、耐修剪的一年生花坛植物，包含多年生草本或小灌木，种植在金属钢材的立体骨架上，形成的花卉植物造型艺术，其造型表面的花卉植物覆盖率需达到80%以上，是艺术与技术的完美结合体，具有很强的形象与信息的传递与表现力，被誉为“城市的活雕塑”。其技术要求高，融美术雕塑、建筑设计、园艺技能于一体。

立体花坛由其特定的起源演化而成，利用了特定的花坛植物（适合毛毡花坛的花卉品种），强调立体造型的表面，填充栽植介质，利用大量、密集、填塞式的种植园艺技术，以创造出活雕塑的效果，形成的一类特定的花坛类型。立体花坛有别于更加古老的传统“绿雕”（Topiary），即利用常绿灌木（如黄杨、柏树和冷杉等）修剪而成的绿植雕塑。另一个类似的立体花艺也不能称为立体花坛，需要加以区别。立体花艺是用鲜花装饰的，如每年一度的荷兰郁金香节的花车巡游活动，用鲜花装饰的花车，造型奇特，色彩斑斓，吸引着无数的游客驻足观赏。这类花车在呈现形式上同立体花坛，但由于没有根系的生长，维持时间短，适合即时的盛装效果，而不宜归入花坛。

上海动物园内的各种动物组合造型的立体花坛

立体花坛的发展

立体花坛起源于欧洲，最初主要出现在花园内，但由于极其耗时、费工等原因，在很长一段时期内并没有得到广泛的应用和发展，特别是经历了两次世界大战，这一花坛形式一度衰退，至今在欧美的花园内还是难见其踪影。

立体花坛的复兴起步于20世纪90年代，地区性的立体花坛比赛开始出现，其中包括我国各地也在广泛应用。随着立体花坛的技术改进，包括金属构架的制作工艺，新型织物网片材料，轻质的栽培基质，精准的灌溉系统的应用，尤其是各种色彩丰富的花卉品种不断涌现，以及穴盘苗的产生等，大大推动了立体花坛的重现与发展。立体花坛以其鲜明的主题、气派无比的造型、绚丽的色彩、独特的活雕塑，令人耳目一新，往往设置在城市的地标中心，深深吸引着广大的市民和游客。

我国是立体花坛应用最广泛的国家之一，由于立体花坛比较适用于大型的庆典活动，可以通过写实、写意的艺术手法，烘托主题，传递丰富的文化内涵，表达喜庆、祥和、安康、幸福的社会繁荣正能量。我国立体花坛应用的形式早期可以追溯到20世纪50～60年代，由苏联传入我国，主要在北方地区，当时的立体花坛的植物材料比较单一，以红绿草整形式花坛为主。1990年的北京亚运会开始有了较大规模的五色草立体造型花卉装饰比赛场馆周边的环境，取得了良好的效果。1999年的昆明世界园艺博览会上，一、二年生花卉优质品种开始进入我国，卡盆、自动浇灌等新技术在立体花坛上成功应用，大大促进了立体花坛技术的发展，世博园景观大道上行驶着的立体花

英国Crathes城堡花园内的绿雕植物造型

荷兰郁金香节的花车巡游活动，用鲜花装饰的花车，属于花艺作品

上海动物园内的这组大象绿雕，以扶芳藤为材料修剪整形而成，也算是国内这种传统绿雕的代表作品

用菊花组成的“猛虎”造型的立体花艺作品

帆船、高大耸立着的花柱等立体花坛造型成了世园会的标志性花卉景观，至今历历在目。立体花坛这一形式在国内的各类大型活动中被广泛采用，包括2008年的北京奥运会期间，立体花坛成了北京街头、广场、奥运场馆等地标场所花卉装饰的必备。2010年，上海世界博览会期间，立体花坛对提升城市的品位和形象起到了无可替代的作用。

2000年，加拿大蒙特利尔市举办了第一届国际立体花坛大赛，吸引了来自世界各地的立体花坛作品参赛，这是立体花坛发展史上的里程碑，立体花坛引起了世界范围的关注。大赛的组织机构为立体花坛国际委员会，每3年举办一届，我国参加了所有的大赛，每次均取得大奖的优异成绩，为世界立体花坛的发展做出了贡献。2006年第三届国际立体花坛大赛是首次从加拿大蒙特利尔移师中国上海。上海世纪公园内举办的国际立体花坛大赛，吸引了加拿大、法国、美国、希腊、韩国、日本、中国等15个国家和地区的55个城市，共展出并参加评比的立体花坛作品82件。

上海国际立体花坛大赛的成功举办，对我国的立体花坛发展起到举足轻重的作用，除了广泛的技术交流，

上海市中心人民广场的大型立体花坛

2013年蒙特利尔国际立体花坛大赛，上海参赛作品“一个真实的故事”荣获该届大赛最高大奖

2006年上海国际立体花坛大赛，加拿大参赛作品，象征性极强的写意枫树，树下的舞台演奏和舞蹈的人体姿态各异，生动活泼，营造出浓浓的故事画面

2006年上海国际立体花坛大赛，上海的参赛作品以著名体育明星姚明、刘翔和地标东方明珠、磁悬浮列车为原型，传递出鲜明的主题——上海的高度与速度

一组“蝴蝶”造型的立体花坛，花丛中蝴蝶的姿态各异，栩栩如生。蝴蝶翅膀的花纹，有利于选择不同品种的植物，正反面的种植设计，使得造型更加饱满，同时又有利于展示高超、细腻的园艺技术，特别是红绿草的修剪技术

斑马的形象能非常好地结合红绿草两种色彩的体现，因此题材的选择非常讨巧

第十届中国花卉博览会上，迪士尼花园的立体花坛，选题与迪士尼的风格和主题非常吻合，题材生动、活泼、卡通感特别强烈，让人一目了然

崇明花卉博览会期间，利用了崇明特色的螃蟹为题材，非常生动

也使我们更好地了解世界立体花坛水平的进步和发展，最主要的是在立体花坛植物材料的引进得到了长足的进步，分别从加拿大、日本等地引进新品种，其中红绿草品种就有16个，彩叶草品种15个，银香菊品种2个。这些园艺品种的引进对我国业内人士采用园艺品种观念的提升更为可贵。

立体花坛的设计要点

立体花坛设计师的基本能力

立体花坛是花卉植物景观的艺术品，作品的艺术表现力是成功的关键。对于立体花坛设计师来讲，应该具有较强的美术功底与空间把控能力；类同于雕塑设计与制作，能够充分展现立体花坛的意境和神韵的艺术表现力；能通过丰富的文化内涵，尤其是设计方案的汇报稿时，采用带故事性的主题创意，来体现作品的感染力；立体花坛的设计师应不断学习国内外立体花坛的新观念、新技术、新材料，尤其是植物品种的相关知识，包括立体花坛植物的形态、质感、色彩、观赏期、种植工艺技术、植物养护技术，提升自身的综合设计能力。

主题创意设计

题材的选择

根据立体花坛需要表现的主题，选择整体外形的题材，即立体花坛的外形设计。立体花坛的主题设计，指作品应该有鲜明的主题，表现积极向上的事物，结合重大的节庆活动、重大的事件宣传、城市风采的展现、花卉园艺展示、标志性会徽会标等。主题的演绎是通过具体的外形来表达的。因此，题材选择关于立体花坛能否设计出有灵魂的作品，立体花坛的整体形态设计应该是生动活泼，易立体造型，具有艺术美感，雅俗共赏的。这就需要设计师在生活中不断地发现美，并非所有的物件都适合用作立体花坛的题材。可爱、灵动的动物造型，形态特别的标志物和经过渲染的自然物体是常用的题材。题材选择时，要避免使用过于写实的、笨拙的、大块面臃肿的具象物体作为立体花坛的题材，导致作品失去感染力。好的题材可以起到四两拨千斤的作用，主题表达胜过千言万语，视觉感受妙不可言。理想的题材一个“妙”字尽在其中，具体可以通过以下两个方面进行把控：第一，有利于体现立体花坛的造型，富有园艺特色和文化内涵；立体花坛的外形上不仅要形似，更要神似，呈现出妙笔生花之艺术美感。第二，外形

案例30：动物题材的立体花坛

动物造型灵动、活泼，能通过植物特性的巧妙配置，充分展示立体花坛的艺术性和园艺性，是立体花坛的主要题材。

图1 自然花甸上的一对小马驹

图2 一对奔腾的骏马

图3 憨厚、悠闲的奶牛

图4 一对休闲漫步的大象

图5 威武的公象

图6 背满行囊的骆驼，边上的小骆驼增添画面的灵动感

图7 棕叶薹草形成可爱的小狗造型

图8 薹草的利用巧妙地展现出狮子王的威武

饱满，结构简洁，满足植物的栽植与健康生长。易于施工、养护，立体感强，与环境高度融合。

场地选择

立体花坛设置的场地往往在城市的中心广场，主要街道的出入口或主要的交通环岛等大型开阔场地。因此，立体花坛与环境高度融合是首当其冲的关键因子；其次，做到因地制宜，不破坏原有环境设施；再次，作品观赏面、空间尺度的把控，不影响交通功能都是考量的因素。

主体构架设计

主体构架设计是立体花坛的造型，尊重设计意图，体现主题创意是前提。主体构架的体量与尺度合适，结构牢固稳健，确保安全系数，避免求大、求高、过于复杂的构架。

构架设计时，构架材料的选择与把控是另一项关键要素，包括钢筋材料，需要结合立体花坛的整体荷载计算并选择对应的钢筋材料。遮阴网密度材质也需要把控，如避免使用质地松弛的遮阴网。栽培基质是植物生长良好的基础，立体花坛效果呈现的关键。

主体构架设计的尺度把控非常关键，与题材的选择密切相关。为了达到所谓“震撼”的效果，一味追求大尺度、大体量、超规模的主体构架设计应该被严格限制，一般高度超过2.8m，就应视为超高作品，不仅会受到交通运输的限制，在材料的选择，施工的条件，如大型机械的选用，以及安全保障等方面会大大增加作品的成本。超大型的主体构架，并不利于作品的艺术表现力和园艺技术的展示。因此，超大型的立体花坛作品与生态节约、环保可持续的发展理念相悖。所以，对于超大型的立体花坛作品不鼓励、不提倡、不推广，取而代之的，与绿地环境匹配协调的作品，或若干相关联的作品组合的大型立体花坛作品才是发展的方向。

两匹骆驼的立体花坛，一前一后，姿态各异，背上沉甸甸的行囊，有利于各种植物的选择，细节变化细腻，边上的小骆驼增加了画面的生动感

植物配置设计

立体花坛植物选择要点

植物品种选择的要领：一方面，选择合适的立体花坛植物品种，充分利用植物的形态特征，出神入化地表现立体花坛的神韵。另一方面，植物品种的选择要有利于园艺技术的展示，形成鲜明的立体花坛作品的独特性。

植物品种的特性选择：掌握立体花坛植物材料的特点，即选株型矮小的草本植物为主，枝叶细密，花朵小而多花，色彩鲜艳，观赏期长，植株健壮，分蘖性强，耐修剪，抗逆性强的品种。根据这些特点，立体花坛发展至今还是以观叶为主，观花品种近年来也有选用，种类的扩展与丰富需要极其谨慎，适用种类的园艺品种应该加以开发，并不断丰富以保持立体花坛的特质。

植物品种的规格选择：立体花坛的成像原理类似于像素成像，即单位面积内点数越密集，成像效果越细腻，成像也越精准，效果越佳。因此，立体花坛以小苗种植为主，穴盘苗的出现，非常符合立体花坛的造型种植。目前常用的规格有128穴和72穴，规格越小，精度越高。

植物品种的覆盖度与配置：立体花坛表面的植物栽植覆盖率80%以上，可保持立体花坛的花卉植物景观特质。地面环境植物与立体花坛主体植物的关系，一般地面以简洁为主，与主体花坛的植物相映生辉。

红绿草穴盘苗

优质红绿草穴盘苗，分枝密集

两匹骆驼组合的立体花坛，前后交叉，叠加构图，前方的小骆驼形似摆设，植物材料仅用了红绿草，细节变化以及画面的生动感弱

蝴蝶展翅，翅膀的正反面植物覆盖100%，形成精品

作品中的“叶片”造型，正反面的植物覆盖100%，尽显立体花坛的精致

狮子的眼睛和鼻子使用了仿真材料，材料精致、逼真，使得作品生动，富有灵气

骑马人的立体花坛作品

马蹄部分是仿真材料，逼真的材质，小小的点缀使整个马变得逼真、形象

非植物材料的使用：立体花坛本质上是植物景观，原则上要抵制或不提倡使用非植物材料。立体花坛同时又是雕塑艺术景观，为了作品生动、鲜活地效果呈现，可以适当借助于点缀性非植物材料的使用。非植物材料的使用需要掌握材料的比例控制，非植物材料不应成为主体；非植物材料的材质精良，优质，不使用粗糙的、劣质材料；材料的部件表达须有以假乱真、画龙点睛的作用。

常用立体花坛植物介绍

五色苋（*Alternanthera*）：又名红绿草，是立体花坛的主流种类，总量上占立体花坛种类的半壁江山，故有红绿草花坛之称。包括了丰富的品种，可惜国内尚无规范的园艺品种名，取而代之的称为绿草、小叶绿草、红草、小叶红草、黄草、小叶黄草、玫红草等。园艺品种的维护与更新一直以来没有被国内的业内人士重视，包括那些常年使用的种类，都没有采用国际规范的品种命名，这对品种更新和丰富非常不利，也会阻碍立体花坛的发展，应该尽早纠正，与世界接轨。

佛甲草（*Sedum*）：包括了景天属的许多种类和品种，常用的还有垂盆草、金叶景天、白景天、胭脂红景天等。

其他观叶类种类与品种：银叶菊（*Jacobaea maritima*）、银香菊（*Santolina chamaecyparissus*）、银叶蜡菊（*Helichrysum petiolaris*）、半柱花（*Hemigraphis repanda*）、花叶香茶菜（*Plectanthrus variegata*）、常春藤（*Hedera helix*）、‘花叶’络石（*Trachelospermum jasminoides* ‘Flame’）、矾根（*Heuchera*）、彩叶草（*Coleus hybridus*）等。

其他观花类种类与品种：四季秋海棠（*Begonia*）、小花矮牵牛（*Petunia*）、何氏凤仙（*Impatiens holstii*）、角堇（*Viola*）、孔雀草（*Tegetes*）等。

红草

绿草

黄草

黄绿草

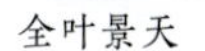

全叶景天

白景天

胭脂红景天

其他观赏草种类与品种：‘棕叶’薹草（*Carex comans* ‘Bronzita’）、金叶薹草（*Carex comans*）、针茅草（*Stipa pennata*）等。

植物材料配置清单

立体花坛的精髓部分是花卉植物品种的选择与配置，因此，立体花坛的设计，植物配置是最能体现园艺水平的关键技术，不仅需要设计师熟悉和掌握立体花坛的种类与品种，并将其按设计意图，有效地配置，制作一份详细的植物材料清单是完整设计文件的关键，关系到设计方案的落地性，上海世界博览会期间，“种树人”立体花坛作品的植物清单如下，以供参考。

银香菊

银叶蜡菊

金叶蜡菊

花叶香茶菜

四季秋海棠

何氏凤仙

上海2010世界博览会“种树人”立体花坛苗木清单

内容	部位	植物名称与品种（单引号内均为规范的园艺品种名）	数量 72穴	数量 128穴	数量 10.5cm 盆径
人物	帽子	小叶红绿草 *Alternanthera* green with small leaves	1625		
	斗篷	常春藤 *Hedera helix* ‘Pittsburg’	3000		
		小叶红绿草 *Alternanthera* green with small leaves	5000		
	头发与胡须	针茅 *Stipa pennata* or *Stipa tenuissima*	800		
	脸部与手	红绿草 *Alternanthera ficoides* ‘Tricolor’		3000	
	衬衫	花叶香茶菜 *Plectanthrus variegata*	3000		
		红绿草 *Alternanthera* ‘Brazilian Snowball’	2000		
	夹克	红绿草 *Alternanthera* ‘Red Brown’	1100		
		红绿草 *Alternanthera* ‘Mossaic Red’	1650		
	裤子	筋骨草 *Ajuga reptans* ‘Chocolate Chips’	6500		
	鞋	半柱花 *Hemigraphis repanda*	1000		
场景	小路	羽衣甘蓝 *Brassica olereacea* ‘Red Peacok’			3500
	树林	蓝花鼠尾草 *Salvia farinacea* ‘Victoria Blue or Rhea’			5000
	草甸	硫黄菊 *Cosmos sulfureus* ‘Road Scarlet’			6250
		硫黄菊 *Cosmos sulfureus* ‘Road Scarlet Orange Shade’			2000
		硫黄菊 *Cosmos sulfureus* ‘Road Yellow’			11500
马	白马	（身体）			
		银香菊 *Santolina chamaecyparissus*	12000	9000	
		（鬃毛与尾巴）			
		薹草 *Carex comans* ‘Bronco’	3000		150
	棕马	（身体）	5000		
		红绿草 *Alternanthera* ‘Red Purple’		3000	
		红绿草 *Alternanthera* ‘Dark Red with Small Leaves’	7000		
		（鬃毛与尾巴）		6000	
		薹草 *Carex comans* ‘Amazone Mist’	1000		
		针茅 *Stipa tenuifolia*	2000		150
羊		（身体）			
		蜡菊 *Helichrysum petiolaris* ‘Silver Mist’ or ‘Mini Silver’			
		（头部）	21000		
		红绿草 *Alternanthera cromatella*（4 只羊）		2400	
		银香菊 *Santolina chamaecyparissus*（3 只羊）		1800	
狗		薹草 *Carex comans* ‘Bronzita’	1400	300	
		薹草 *Carex* ‘Jenneke’	600		
袋子		红绿草 *Alternanthera* ‘Cromatella’ or ‘Red Brown’	1500		

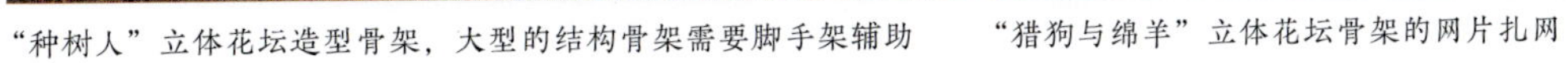

“种树人”立体花坛造型骨架，大型的结构骨架需要脚手架辅助

“猎狗与绵羊”立体花坛骨架的网片扎网

常用剪刀剪开口子，进行种植

立体花坛的种植密度

骏马立体花坛刚完成种植环节

配套设施设计

立体花坛是植物雕塑艺术，有了立体结构，需要各种配套设施方能正常运行，这些不同的设施，需要不同的工种加以配合，提供植物生长、景观效果、安全措施等功能，主要包括喷滴灌系统、雾生效果、灯光照明等。

立体花坛的施工技术

施工前期准备

技术交底：立体花坛施工前，施工队伍需要会同甲方和设计人员，对项目的设计效果、施工质量要求等进行技术交底，以保证施工的进行。

工程预算：立体花坛较一般的花卉植物景观投资大，需要在施工前确认投资费用，以便选择相应的材料品种、数量和质量档次，预算的项目应分门别类，常用列表的形式详细分列，应符合审计的要求。

施工放样：立体花坛设计方案通过审核，施工人员可以根据被采纳的图纸进行现场放样。1：1的九宫格放样仍然是最常用的方法。放样时需要结合现场环境、场地等最后确定立体花坛的构架大小，包括高度、宽度以及观赏的视距，常常需要做一些调整，这个过程需要与设计沟通，完成最终放样点位。

结构制作（首次造型，建立骨架）

立体花坛的结构制作可视为首次造型，好似为立体花坛建立了骨架。立体花坛的骨架结构包括：主骨架，是立体花坛承重的受力点，结构承重由骨架荷载、种植荷载和地面荷载组成。连接支架，其作用是将造型网片与主骨架相连接，使填土、种植后的网片荷载受力点转移至主骨架。

构架焊接：焊接人员必须持证上岗，严格按放样要求焊接，保证每个焊接点焊接牢固，并充分考虑植物种植空间。焊接大型钢管，如7#以上的角钢材料，需使用380伏电源，大型构件的焊接需要利用吊机装卸。焊接完成后应

案例31：大型组合立体花坛“沙漠驼队”作品赏析

图1 本作品是由8匹背满行囊的骆驼与牦牛和2匹小骆驼组合而成的大型立体花坛

图2 薹草将驼队中的骆驼姿态表现得栩栩如生，行囊的形态各异，可以表现丰富的植物品种，彰显作品的园艺水平

图3 半柱花形成的牦牛，憨厚而壮实，行囊的细节刻画得入木三分，显园艺之精致

图4 驼队沿荒漠的道路蜿蜒前行，队旁的小骆驼增添了作品的灵动与情趣

图5 作品可以实现多角度欣赏，在红绿草铺垫的路面映衬下，即便看着远去的背影，依然生动，情趣盎然，意犹未尽

1

2 3

4 5

及时刷好防锈漆保护。

网片安装：小型网片可以一次性焊接成型；大型网片可以采用分割组装成型。网片安装后必须保持花坛的形态不走样，各个加固点焊接牢固。大型的结构分割组装的物件可以在加工场地进行，但由于运往施工现场受运输的限制，单个物件的高度不能超过2.8m，宽度不超过2m。

网片安装需要在立体花坛基础完成后，将所有的网片在现场整体拼接，遇不满意处可以及时进行修正，以保证效果。所有网片拼接安装没有问题后可以开始骨架焊接，完成结构安装。结构安装完成后7~14天，需要对其结构稳定性观察，确保万无一失。避免一个部件一个部件分别安装，这样到后面发现与设计图纸误差过大就难以调整，无法完成骨架的安装。

覆膜表达（扎网）：立体花坛的覆膜普遍采用优质的遮阴网扎网的方式，传统上使用扎钩扎丝绑扎的方法，但这种方法比较耗工耗时；现在也有用专门的工具——C型枪绑扎，效率较高，适合大型网片的绑扎。无论何种方法，扎网不能只顾求快，必须保证每个网格绑紧扎稳，维持立体花坛的网片形状是关键。

植物种植（二次造型，塑造肌肉）

介质填充：立体花坛必须采用优质的轻质土壤，传统的土壤不建议使用，目前理想的是采用优质的泥炭土，加入10%左右的珍珠岩，可以增强排水、通气性，又有利于降低土壤的容重。泥炭土拌入缓释的复合肥料，有利于植物的后期生长。

介质装填，是立体花坛的二次造型，好似给立体花坛塑造了强壮的充满生机的肌肉，是花坛效果的保证。介质装填，需要将介质均匀湿润，按照骨架外形，逐一进行，边装填，边绑扎遮阴网。介质装填保持均匀，紧实，不留空隙，介质的装填厚度不应小于10cm，以保证植物的种植成活和日后的正常生长。介质土壤的装填要按照立体花坛的造型要求，如线条流畅、饱满度和凹凸感强，使得立体花坛更加赋有生命力。

植物种植：种植时首先要查验花卉材料的品种、质量符合设计要求，种植要按照设计图纸进行，不同花色、图样，需要先种植边缘，后种植里面，保证线条流畅，图案分明。目前虽然有专用的种植器，但主要还是利用普通剪刀，在种植点位上将遮阴网剪开2cm直径的口子，直接把

后面一匹“马”是完成了构架、扎网，形成了马的骨架造型；前面一匹“马”是完成了植物种植，整体构架丰满了，“马”的肌肉感强

小苗种植到介质土壤中即可。小苗种植要求密度均匀，整齐度高。种植平面的速度较快，一个熟练工，每天可以种植3m²左右；种植细小或者异形的部分，速度较慢。

整形修剪（最后定型，敷上皮肤）

整形修剪是立体花坛的第三次造型，也是最后的定型，好似为立体花坛敷上细腻的皮肤，能生动地呈现作品的效果。因此，修剪对于立体花坛而言，并非一般的植物养护需要，而是立体花坛造型的需要，是特殊技术步骤，必不可少。通过精湛的整形修剪技术能充分展示高超的园艺技术，没有经过精心修剪的立体花坛作品，就像尚未装修的毛坯房，无法形成优秀的立体花坛作品。

立体花坛的整形修剪技术至少包含以下几个要点：①设计时就要选择耐修剪的花卉品种，如五色苋（俗称红绿草），不仅耐修剪，而且非常适合整形，展示园艺技艺，这也是红绿草成为立体花坛绝对主流花卉品种的原因。②优质的种苗、良好的基质、及时地种植，为修剪创造条件。如需要在国庆节展示的立体花坛，红绿草的种植时间尽量在9月初之前，这样能确保在进入最佳效果前，红绿草有足够的生长，便于进行整形修剪。③修剪技能的提升也是修剪效果的保证，诸如修剪的表面平滑，凹凸有致，造型轮廓边界清晰，线条流畅。④要取得满意的效果，一次修剪往往难以实现，二次甚至多次修剪也是必要的。

案例32：立体花坛的造型技术

图1 “绵羊”立体花坛的结构制作，第一次造型，网片扎网，建立了骨架

图2 完成种植的“绵羊”是第二次造型，形成了肌肉

图3 养护后，生长细密的景天，形似第三次造型，敷上的细腻的皮肤，使得“绵羊”作品生动而鲜活

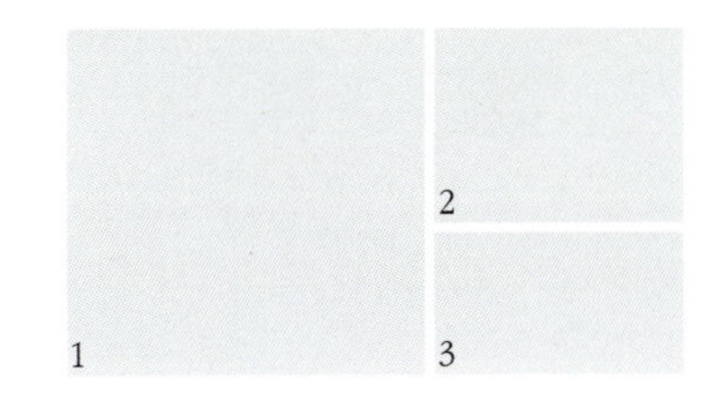

2016年土耳其安塔利亚的世界园艺博览会上，加拿大立体花坛施工人员在40℃高温下，认真仔细地修剪

立体花坛的日常养护

水肥管理

立体花坛的水分提供是日后养护的最主要工作，主要指如何提供水分和提供水分的量。

人工浇水是最常用的方法，利用皮管带上细孔的喷头，在种植后的植物表面进行喷洒。喷洒时需要注意水压不宜太大，不要直接冲击植物，导致倒苗。这种方法的好处是工具设备要求简单，比较容易操作，但对于大多数的高大的立体花坛作品，人工浇水无法满足要求，不仅无法做到浇水均匀，许多较高的部分甚至无法浇水。这对于立体花坛的养护是个致命缺陷，日后养护形同虚设。

设置滴灌系统应该是比较理想的浇水方法，可以通过滴灌设备的流量计算和设计出灌溉系统，安装在立体花坛的骨架上，日后养护时可以按时、均匀地提供水分，但需要预先投资设备的费用，以及日后设备的维护费用。

浇水量的控制主要是以满足植物生长为目标，一般种植后的一周非常重要，根系尚未扎入土壤，所以通常需要种植后及时浇足水分，俗称“粘根水”，保证根系与土壤充分接触，促进生根良好，提高自身的吸水能力。日常的维护中，浇水量可以控制在宁干不湿，即防止土壤过于湿润，水分太多的危害很大，如影响根系生长，容易滋生各种病虫害等。控制水分，是养护的技术难点，保持植物生长必需的水分，需要日常观察，立体花坛的结构部位不

这组立体花坛的造型设计画面生动，但没有修剪的红绿草立体花坛，作品效果略显粗糙

这组立体花坛的造型简洁，修剪整齐的红绿草，大大增添了立体花坛的园艺技术的感染力

“蝴蝶”造型的红绿草立体花坛，修剪让作品好像敷上细腻的皮肤，美观而具生命力

同，环境条件也不同，水分的消耗与缺失是不同的。因此，立体花坛的水分管理与其说是浇水，不如说是补水。

病虫害防治

良好的栽培管理是最有效、最经济的病虫害防治措施，保持正确的花卉品种选择，提供良好的生长环境与条件，如良好的通风、充足的光照、合适的湿度、疏松肥沃的生长介质等，促进植物健康生长。茁壮的花卉有着极强的抗病虫害的能力，可以有效地防止病虫害的发生，从而降低病虫危害的风险。

高温、高湿的季节是病虫害易发期，可以喷洒些高效、低毒的杀虫剂、杀菌剂等药物防治，有利于保证立体花坛免受病虫危害。

安全操作

立体花坛的结构复杂，涉及钢筋、骨架焊接等工艺，往往体量大，对施工场地的要求高。因此，无论是施工还是养护，安全操作是必须遵守的原则，也就是每个施工、养护环节都时刻守住安全操作的底线，警钟长鸣，才能做到万无一失，有效控制风险。立体花坛的安全性操作主要环节：主体构架的设计，配套设施的安装，大型机械的使用以及高空的绑扎、植物种植等。必须按操作规程进行，并做好必要的安全防护措施。

案例33："种树人"立体花坛作品赏析

图1 "种树人"立体花坛作品，由加拿大园艺师伊芙制作，分别参加了在日本举行的国际立体花坛大赛和2010年的上海世界博览会

图2 "种树人"立体花坛的构架制作，建立了花坛的骨架

图3 "种树人"花坛完成了植物种植，花坛饱满而具肌肉感

图4 "种树人"花坛的种植细节，整齐而疏密有致

图5 "种树人"花坛的植物选择精细，绿草、黄草与花叶常春藤交替配置，将斗蓬披风的质感表现得淋漓尽致

图6 "种树人"精心养护加上日本的优质品种，使得同样的设计、同样的施工，有着不一样的表现效果

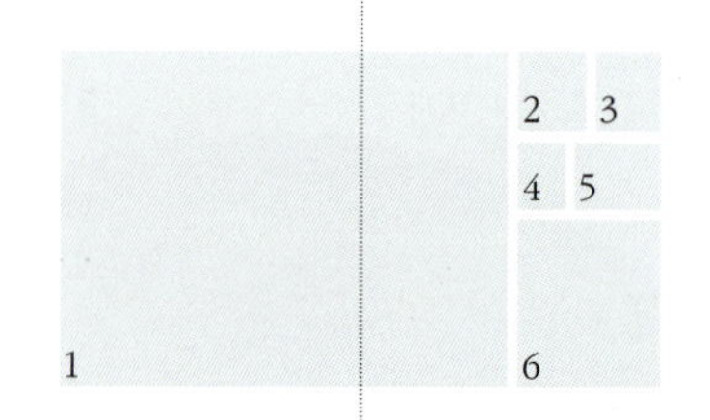

03 主题花坛

主题花坛的溯源

主题花坛是我国花坛发展中形成的特有花坛类型，是因为中华民族自古就有“以花为媒、借花传情”的传统民俗，展现人们热爱生活、追求美好的精神面貌。最具代表性的当属广州逛花市，又称“行花街”，是广府地区春节前夕的一项传统民俗，起源于广州的“花渡头”，也就是卖花船集中停靠的渡口，其形成可以追溯到明朝，或更早之前。这个习俗到清朝中期有很大的发展，并流行于东南亚地区，一直延续至今。

逛花市是每个当地人必行之事，在年三十晚上达到高潮，农历新年初一的清晨结束。逛花市时，人们会购买一些有“好意头”的年花，装点自家的门头，如大型盆栽的菊花和大丽花，寓意“大吉大利”；新年伊始，大街小巷，每家每户，尤其是商家的门庭，摆放盆栽的鲜花，讨个好口彩，寓意着花开富贵，迎春接福，祈求新的一年行大运。逛花市不仅是一种消费行为，更是一种文化传承。这样的节庆摆花装饰，“以花传情、祈求美好”是永恒的主题，其规模和花卉品种的应用有了很大的发展，沿用至今，已成为春节期间独特的风景。

越南街头的商家门口，完整保留着新年摆花装饰的民俗。每盆花都有吉祥的寓意，金莲木（*Ochna infegerrima*）的“金玉满盆”，桃花（*Prunus persica*）的“大展宏图”，大盆菊花的“吉祥如意”

主题花坛的产生

主题花坛是满足各种大型的庆典活动的一种特殊的花坛类型，中华民族历来重视各种纪念日，有举办大型庆典活动的传统，并特别追求仪式感。利用花的寓意，来表达鲜花装饰的主题是中华民族的文化传统。主题花坛是中华传统摆花装饰的发展与升级，追求盛大的景观效果，展现盛世的繁荣，有着无可替代的作用。这与花坛盛行初期的大秀花园主人的富贵、昌盛有过之而无不及。要知道19

新年伊始，大街小巷的商铺门口也装饰有大盆的菊花，祈求新年吉祥，花开富贵

传统的大盆栽菊花

传统的大盆栽大丽花

2018年，农历狗年新年越南街头广场上的主题花坛，沿用盆花摆放的技术造景

重大的节庆日，在单位门前摆放盆栽花卉组成类似“花坛”的布置，也是一种民俗沿用

世纪欧洲花坛流行的初期，再大的规模也仅限于一个花园之内，而我国的庆典活动常常是举国同庆的。我国政府倡导的是共同富裕，反映的是整个中华大地的繁荣昌盛。各种大型活动、纪念活动的规模，小则在一个省市，而如国庆日，则是遍及神州大地。这类景观的要求是规模大、应用

20世纪80年代开始的天安门广场上的“国庆”主题花坛沿用的盆栽摆放的技术造景形式

广、即时性，主题花坛就是这样产生与发展起来的。主题花坛的效果讲究震撼力，花坛作品的规模、创意和技术在不断地突破。主题花坛在我国也形成了特有的花坛类型，一年一度的天安门广场国庆主题花坛秀已经成为中国花坛的标志性活动，广受国内外游客的欢迎。

主题花坛的技术演绎，由广场硬地上通过盆栽花坛的摆设，组景形成类似移动的临时花坛，逐渐形成容器花坛，组合成具有强烈主题的特大型花坛。随着“卡盆”技术的出现，立体花坛的技术也被融入了这种特色主题花坛中，主题花坛有了立体造型，使得主题花坛的规模和整体的造型更加盛大，技术更加成熟，形成了其特殊的效果展现。为了取得主题花坛的效果，花卉品种和使用的规格发生了变化，许多普通的花坛花卉品种，包括花灌木，几乎无差别地被使用，规格也突破了立体花坛以小苗为主，取而代之的是成品苗，甚至大规格的盆花也会直接使用，这与国际公认的“花坛植物”的发展如出一辙。主题花坛从园艺技术层面，与“立体花坛”有着许多相似甚至相交之处，主题花坛在国内常被称为“立体花坛”？本书作者将其分列成两个不同的花坛变型是因为，二者在外形上极为相似，但在起源、园艺技术、规模与尺度、应用的场景等方面有着很大的不同。详见表6-2：

表6-2　立体花坛与主题花坛的区别特征

	立体花坛	主题花坛
起源	毛毡花坛地毯式的精密图案	盆栽摆饰，强调“以花传情”的主题寓意
园艺技术	马赛克艺术，密集种植的小苗展现园艺修饰的雕塑美。这是具有国际认同感的，需要严密保持并不断发展	植物品种更加广泛，卡盆、摆放等多种造景手法，展现富有强烈主题的造型美。这是我国特有的花坛造型形式
规模与尺度	规模与尺度的控制，以花园的景观元素为主	规模与尺度超大，以表达主题为主，不用考虑与花园的环境相融性
应用场景	花园应用为主，需要与花园环境相协调	广场大空间应用为主，充分展示主题花坛的效果

主题花坛的植物材料应用广泛，包括许多花灌木

主题花坛的概念

又称主题景点，指以花卉植物材料为主体，运用花坛等花卉应用手法，按一定的立意组合而成，特别强调花坛的主题表达，常常追求特定的即时效果为主，可视为花坛的一种变型，总体上就是立体花坛和各种平面花坛的合成。既符合艺术构图的基本原理，又能满足花卉植物生长的花卉景观。具有突出的主题呈现性、造型艺术性和植物景观性。

主题花坛的特点

主题花坛设计的最大特点是“鲜明的主题”，对于设计者来讲，需要有高度的政治觉悟，掌握国家时事、重大活动和重大事件，如国庆、党代会、重大纪念活动等，以及国际交流会议和活动，如奥运会、亚运会、G20峰会等，都是城市主题花坛的重要题材和需要传递的主题。鲜明主题的表达，不仅要有与主流媒体宣传相一致的标题性的命题，如2008年的北京奥运会“同一个世界，同一个梦想”，而且需要具体内容，如奥运主题的花坛，可通过各类体育比赛项目作为主题花坛的题材，形成组合的主题花坛群。

主题花坛的体量和尺度往往比较大，设计时需要充分考虑结构的牢固性和安全性。需要考虑对现场的不利影响降到最低，因此，主题花坛设计的尺度和规模应该得到控制，如立体部分与平面部分的协调关系。如果立体结构与构图比较复杂，则平面结构就应该简洁，形成良好的主次关系。花坛的基本设计原则，在主题花坛中同样适用，如避免块面过大、过满，不利于植物生长和日后的养护。

主题花坛的观赏性，同样是设计的要点，希望获得具有震撼力的作品，避免一味求大的笨拙设计。巧妙的题材选择，合理的构图设计，新技术的运用，如灯光、雾生系统等，都能使主题花坛的视觉景观如日增辉。主题花坛的美应该是多角度的，游人可以驻足观赏，也会左顾右盼，并不断地提供给游人拍照的点位，产生意犹未尽的体验。天安门广场的主题花坛就是这样，以中心

2022年天安门广场的“国庆庆典”主题花坛

2008年北京奥运会的球类运动项目主题花坛

2008年北京奥运会竞技项目的主题花坛

用延安的宝塔、遵义会议的会址讲述共产党发展史的主题花坛

2010年，上海世界博览会期间的主题花坛

2008年北京奥运会主题花坛“同一个世界，同一个梦想”

上海浦东新区陆家嘴中心的交通岛上的主题花坛，立体花坛部分主题明确，平面花坛部分简洁，二者主次分明，协调一致

这组主题花坛，立体花坛部分元素过多，平面花坛部分块面过满，二者主次不明，日后养护困难

上海浦东新区砂岩广场的主题花坛，三个板块，主次分明

砂岩广场主题花坛的夜景灯光效果

2020 年上海“进博会”主题花坛

2022 年上海“进博会”主题花坛

花坛为主，到了重大活动时采用组合式的主题花坛，使得天安门广场的主题花坛变成了北京旅游的打卡必选之地。

主题花坛规模巨大，展示效果震撼力强，具有极强的视觉冲击力，非常有利于大型活动现场气氛的渲染。同时，主题花坛的时效性也非常明显，活动结束，花坛就地拆除，因此把它归为花坛。虽然不是季节性更换，也是年年更换，北京天安门、上海“进博会”都是如此。

盆花摆放的堆景方式营造的主题花坛，规模再大也难以体现花坛的园艺技术

主题花坛的未来

主题花坛未来的可持续性思考。应随着规模和尺度的不断增加，已经到了非要动用大型吊机安装，需要有专门的操作上岗人员才能施工的程度。这样使得施工营造成本大大增加，与立体花坛的短时的时效性形成了巨大反差。主题花坛的规模与尺度应该朝着与绿地环境更加协调，观赏时效不断延伸，花坛的园艺技术不断体现。只有这样才能符合可持续

发展的趋势。

主题花坛未来的技术性思考。传统的摆放，堆景方式已不能满足花坛的园艺技术发展的要求，诸如花坛的地形处理、花卉的种植技术、花坛花卉的养护技术等。更多地结合立体花坛与平面花坛的技术是主题花坛技术的未来，应该得到推广。

主题花坛与立体花坛的未来可能是交会的。主题花坛可以坚持设计主题的强化，主题的故事演绎，民俗文化内涵的挖掘，保持和发扬主题花坛的特色。主题

中国航天事业的主题

环保主题

北京冬季奥运会主题

花坛在花卉植物的选择，尤其是品种的丰富度具有很大的潜力。主题花坛的园艺技术上，可以结合植物品种的特点，采用新技术、新材料、新概念，包括种植技术、栽培基质、滴灌系统等，将主题花坛的园艺技术提到新的高度。作为花坛的发展，讲究园艺技术的精湛，展示植物景观的艺术感染力，保持花坛作品的可持续性是发展的必然趋势。

国泰民安，表现喜庆、丰收的主题

上海徐家汇街头，马年主题花坛。花坛以几匹姿态各异的奔马组成的立体花坛，表现马年的主题。平面部分就是采用花坛的手法。二者主次分明，整个主题花坛与草坪和环境高度协调

04 花坛的衍生类型——容器花园

容器花园的概述与类型

容器花园的概念

容器花园（container garden）是将花坛植物，包括一、二年生花卉，可食用香草，蔬菜类和观赏草等，运用美学的原理，经过组合种植在可移动容器内，替代了地栽，展示生长的花卉植物，形成的花园。其又称组合盆栽（combination）。展示形式有盆

奥地利格伦德湖周边宅前屋后各种类型的容器花园

栽、花箱、花槽、花篮等。特别适合花园场地太小，或在简单的阳台、露台、窗台、屋檐下的墙面等屋前宅旁来体验花园的感受。这种形式至少有三大优点：首先，它比传统的盆栽更有利于花卉生长。其次，经过配置组合，花卉的观赏性更强。再次，能因地制宜地摆放，装点各种环境，灵活方便。

容器花园当然不仅限于家庭花园使用，也可以在城市中心的公共场所应用。特别是那些没有条件种植的硬地，如重要的中心广场，人们活动的休闲场所，总之那些需要用花卉来装饰的重要的视觉点都可以采用容器花园。我国的容器花园在城市街道的应用大大领先于家庭园艺，与家庭花园相比，城市公共场所的容器花园其体量要大，因此在选择容器的类型、花卉种类与品种、施工与养护以及安全与卫生等方面都需要加以探讨。

英国伦敦街头建筑窗台容器花园装饰

上海市内道路隔离带上的花槽

容器花园与花坛植物

容器花园归类于花坛植物的衍生产品是作者根据当前国际花卉产业的现状而提出的，花坛植物的发展，其内容在不断地扩展，并成为花卉产业中最主要的板块。花坛植物发展至今已包括了用于容器花园的主要花卉材料，这对于广大的花坛植物从业者来讲是非常重要的。之所以这样归类是因为容器花园已经产业化了，具有完整的产品特性，而不仅仅是花卉的展示形式。容器花园看上去与花坛形式差异甚远，但有着十分紧密的联系和相同的特征。它们的联系是一、二年生花卉品种应用发展的产物，并产品化。正因为是同类的植物，容器花园有着强烈的盛花效果，即更追求即时效果；通过花卉材料的更换来展现季节性的景观变化；与花坛一样是花园景观的一部分，给人们带来追求花园生活的体验。

容器花园，在国外又称盆栽花园或组合盆栽，但在国内会有不同的产物，强调装饰性、花艺性的组合盆栽，并没有产品化，应加以区别，其本质区别见表6-3。为了避免混淆，本书叙述的容器花园，是强调其花园特性的，如花卉的生长、开花，景观的季相变化，以及给环境带来的生气。植物材料是以一、二年生栽培的植物为主流的，尽管也包含了宿根花卉、球根花卉、香草、蔬菜和木本花卉等，这些植物都作一、二年生栽培，成为花坛植物。容器花园的主要类型已产品化，成为花卉产业中的重要板块，这对于大众推广至关重要，购买成品或半成品是普通民众拥有容器花园的主要途径。

产品化的容器花园

花园中心的货架上有专门的容器花园商品销售

窗台花槽中的天竺葵、矮牵牛、舞春花同时盛花

2019年北京世界园艺博览会上组合盆栽获奖作品，讲究整体的艺术构图和意境感，植物种类广泛；容器与植物同样重要，相得益彰

表6-3 经典的容器花园与国内组合盆栽的区别

	容器花园	国内组合盆栽 *
植物材料	一、二年生栽培为主	植物种类不限
非植物材料	几乎不用	可采用，包括绢花
观赏期	常年	展示为主，不强调长期
布置场所	户外为主	室内为主
花园特性	强	弱
环境特性	强	弱
产品化	强	弱

* 指现阶段国内通常的组合盆栽，或也称容器花园。

容器花园的基本类型

花箱（planting box）：采用正方形、多边形或长方形的容器内栽植花卉。花箱的体形较大，外形比较规则，适合较大空间的公共场所应用；大容器更有利于多种花卉在同一花箱内的配植，形成美感，较大的容器也有利于花卉生长。因此花箱是城市的公共场所应用最广的一种容器花卉布置形式。

花槽（window box）：小型的花箱，常为长方形的容器，栽植花卉形成的容器花园。主要用于居住房屋的窗台和阳台。花槽还可应用在道路的隔离栏杆上，分单挂式或骑挂式，作为人行道的隔离装置，也有用作机动车道的隔离。花槽内所用的花卉材料以生长茂盛，花朵丰满，花色艳丽的品种为主，再配一些枝条蔓性的花卉来修饰容器的边缘，使花卉与花槽、花槽与环境融为一体。

六边形容器，白色南非菊，四周配以矮牵牛形成丰满的规则构图的花箱

方形的容器，花材组合成不规则构图。其中用波斯菊组成骨架，各色孔雀草组成主焦点，较紧实的基础种植，周边围有黄色的鬼针草形成自然式的花箱

以藤本天竺葵为主的窗台花槽

花钵（flower bowl）：相对于花箱，花钵是容器花园中容器外形变化最多的形式，可以按所需装饰的环境和所要表现的主题有机地配置，使容器花园与布置的场景更好地融合，协调一致。花钵的形态各异，但口径宜大不宜小，有利于植物配置和种植。同花箱一样，花钵可以单独用一个大的花钵，也可用大小不同的花钵摆放成一组装饰。

花钵丰富的形态变化同要表达的

花槽在窗台上的应用

花槽在门栏的应用

花槽在路边的应用

大口径的碗形花钵便于花卉的组合，用天竺葵‘中子星’玫红、红色为主体花材，配以舞春花、矮牵牛等垂蔓型的花材，可以形成色彩斑斓的容器花园，为环境添色

杯碟状的花钵，容器形状的变化使得花卉装饰的场景生活化

高脚圆形容器花园更具艺术的美感

时尚的拎包花钵以金属框架，采用仿藤编织工艺编织而成，摆放花卉点缀游人如织的徐家汇商业广场，提升景观的效果

主题一致，以及和环境的协调是花钵应用成功的关键。花钵常用于商业中心人流活动的休闲区域，如广场、露天餐厅等。许多道路的路口开阔地也是花钵应用的好场所。

花球（hanging basket）：又称悬挂花篮，是利用各种悬挂容器，种植花卉后悬挂装饰，一般宜安置在高于视线的位置。城市公共场所应用花球可以大大丰富空间花卉景观，如灯杆挂花。花球以采用蔓性下垂的花卉种类为主，可以是单一花卉品种的花球；更有几种花卉组合的花球；可以是四面观赏的花球；也有单面观赏的壁挂式花篮。

木槽异形容器，配以蓝色的半边莲颇具自然风

垂吊矮牵牛与鬼针草组合的花球

抱杆式的花球，适合体量大、灯杆较高位置的应用

悬挂式花球，适合悬挂在视平线以上的空间应用

立杆式花球，又称灯杆式花球

花塔，高度为1.6 ~ 2.4m特制的容器，适合大型场地的花卉布置

其他大型容器花卉（other container garden）：由于城市公共场所的空间大，需要一些体量大的容器花卉装饰，专业人员为此设计出各种适合花卉生长，又有较好的观赏效果的容器花园。如花塔、花墙等。这类大型容器花卉的技术要点是既能保证花卉的健康生长，又有较好的观赏性，同时能有效地进行花卉的养护和保持环境的卫生和安全。由于容器的体量大，保证安全施工也非常重要。

容器花园的制作技术要点

容器的选择

容器花园主要展示植物的景观。因此，容器只是花卉种植承载的场所，有利于花卉的生长、植物的配置即可，不用过于考虑其观赏性，避免喧宾夺主。

按墙面的特点专门设置的容器结构，种植的花卉生长茂盛而形成一景的上海南京西路凤阳路上的世博景墙

英国某公司开发的花卉种植容器，材质坚固，便于安装，备有自吸式供水系统，一次灌水可以维持7天，称为“7-days”。按实际需要提供各种形状的容器，如圆形花箱与花球组合的容器

“7-days” 即一次灌水可以维持7天的容器，种植花卉后的展示效果

材质差的容器，效果不良

容器的选择要考虑如下几点：

容器的外形：无论哪种类型，花箱、花槽、花篮，容器的外形、装饰、花纹、色彩等并不重要，只要符合作品的设计风格，与植物、环境协调就好。应避免使用过于花哨的容器而喧宾夺主，同时要能保证其中的花卉植物正常生长。除了考虑合适的尺寸和重量，容器的口径宜大不宜小，这样会方便植物的种植，并有利于植物的生长。

容器的材质：盆钵、花槽、花箱材质很多，常见的有木质、陶瓷、金属和

英国民宿旅馆的墙面如同电线那样排布水管，在每组容器里安装滴灌供水

各种合成塑料等，总体上应坚固、耐用、防腐蚀。

容器的结构：水肥供给与排水构造合理，满足植物生长的需求；安装牢固，适合露天摆放，有必要的防腐措施；易于搬运，保证安全施工。

介质的准备

容器内的花卉生长空间有限，土壤介质非常重要，传统的土壤因为太重而不适合容器花园。原则上采用无土介质栽培，卫生清洁的轻质土壤非常重要，尤其对于悬挂花篮等设置在墙面或悬吊在空中的容器。当然，采用来源可靠、专业的介质产品能保持介质质量的稳定性。介质要求疏松通气，保持花卉根系的健康生长。适合

比利时公司开发的花园系统（garsy）大型容器花塔，结构充分考虑植物的种植与生长、搬运安装，花塔的效果亮丽

具有储水、吸水装置的花槽

花槽内花卉生长良好，景观效果佳

的pH值（5.5~6.5），拌入些复合肥料，确保花卉的生长、开花。

植物配置基本要点

花卉品种数量控制，主次分明

花卉材料的应用数量不宜过多，组合要符合一般艺术的构图原理。所用的每一株花卉都要有相应的作用，如主景材料或陪衬材料等。

花卉选材的变化统一，构图合理

花卉材料的变化可有花色、花型、质感、花纹类型等方面的变化。如株高应有高有低，可以丰富花卉组合的层次感。根据容器的类型和大小，有采用单一种类的花卉；

采用良好的栽培介质

容器花园在街道上展示应用

橙红色的垂花秋海棠花形、色彩非常吸引眼球，在白色小花的白晶菊、小花形的龙面花和花叶香茶菜的陪衬下，形成主次关系

也有用不同花卉组合而成。

选择花期一致的品种，呈现盛花效果

选择花期相对一致的品种，即花期的重叠大于交替，形成每一季节的盛花效果。容器花卉品种需要像花坛那样通过花卉品种的季节性更换来实现。

控制花卉品种间生长势的平衡

同一容器中所用花卉种类的生长势必须保持一致。否则，生长势强的花卉会将生长势弱的花卉“吃掉”而影响整体效果。近年来，特别是体量较大的容器采用造型花灌木，如“棒棒糖”形的小灌木作为容器花园的骨架配置，可以起到稳定容器花园植物组合的景观作用，也可以增强容器内草花更换初期的观赏效果。

圆形黄色、橙红、玫红的非洲菊，竖向条形、蓝色的蓝花鼠尾草，形成形态、色彩的变化，玫紫红的毛地黄又有了形态的统一。中间的密实柏树与前沿松散的银白色枝叶，形成了虚实变化。所有花材呈现三角形构图，画面稳定而整体感强

鲜艳玫红色、直立紧凑的矮牵牛与下垂松弛的白色假马齿苋形成常见的对比组合

观赏草特有的松弛与基部的主花形成上散下紧的稳定构图

组成花篮的矮牵牛、舞春花、美女樱，尽管花色、花形、枝叶形态各有不同，但花期一致，呈现盛花效果

角堇、欧洲报春和香雪球组成的春季花槽

各色的球根秋海棠组成的夏季花槽，类似花坛花卉的季节性更换

矮牵牛、半边莲、美女樱融合得非常协调，三者的生长势相对一致

容器花园的设计灵感

花卉组合的筛选

理想的花卉组合来自试验筛选。我们可以运用已知的植物知识，选择花卉品种，根据容器花园植物选择的基本要求和构图原理进行组合。我们希望的形态、质感和色彩组合对于容器花园来讲，由于是生长的植物，仅凭想象、经验，或模仿书本上、照片里的植物组合是难以完成的。哪怕你见到过的成功案例，由于你要组合的材料是生长着的植物，到了另外一个环境，或是季节的不同，效果自然不同。只有通过试验，才能筛选出你需要的设计方案。

我国的容器花园发展较晚，但应用得比较快。目前还没有完整的生产规范，

采用常绿小灌木“棒棒糖”造型树的组合盆栽

观赏草的应用也在兴起，同样可以作为容器花园的骨架

美国俄亥俄州立大学容器花园试验

美国波尔总部的容器花园试验

以色列丹梓公司在特拉维夫总部的悬挂花篮种植数量试验

上海源怡崇明基地容器花园筛选试验

美国Raker苗圃的容器花园试验

往往是临时发挥，缺失了试验筛选的环节，这不利于容器花园的良好应用，容器花园的设计水平也难以提高，无法形成容器花园的特色。制作的容器花园效果良莠不齐，忽好忽坏，因此，改变势在必行。

我们可以从预制样品开始，即在项目之初，根据项目的要求和实地情况，预制几个组合的样品，对于没有条件在苗圃预先培育的容器花园可以设计几个方案，先做成样品，如上海2010年世界博览会期间，对主要道路世博大道上的花槽，施工前先按设计要求出了4个样，见案例34。经过看样

案例34：道路隔离带花槽组合方案

上海世博大道需要一组花槽，为了取得良好的效果，施工方先按花槽的大小、使用季节和取材易难等因素预制了4套组合

图1 组合A一品红配孔雀草、矮牵牛

图2 组合B一品红配孔雀草、常春藤

图3 组合C一品红配矮牵牛、肾蕨

图4 组合D一品红配矮牵牛、何氏凤仙

图5 经过比对，组合B被选中，布置在了世博大道上，花槽景色宜人

1 2 3 4

5

选择了红色一品红和金黄色孔雀草外围常春藤的配置组合，即组合B，由于花色搭配亮丽、喜庆，花卉材料简洁，操作简单而被选定。

植物色彩的灵感

植物色彩是容器花园品种配置的主要灵感来源，色彩有着强烈的主题表现力。清凉宁静的冷色调，热烈奔放的暖色调，视觉冲击力的对比色搭配，魔力变幻的调和色搭配以及各种色彩斑斓的混合色搭配。无数色彩方案，给我们带来无穷无尽的组合搭配的灵感。

冷色配置

暖色配置

对比色配置

调和色配置

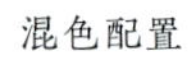

混色配置

这组花色带有强烈的古韵意境

单色的色彩组合

在黑色主体的建筑上配置白色花槽、吊盆，更显个性

季节性变化的灵感

容器花园需要保持周年观赏，花卉植物的配置是通过季节性更换来实现的。因此，花卉组合时可以结合不同季节的变化获取灵感。不同的地域，不同的民俗文化有着各异的主题表现。早春，万物复苏，生气勃勃的景象，是球根花卉和冷凉型花卉的最佳表现季节；仲夏，花繁叶茂，色彩绚丽的场景，是宿根花卉和耐热性花卉的用武之地；秋天，收获的季节，乡村的风情，是观赏草和观叶类植物的主场。

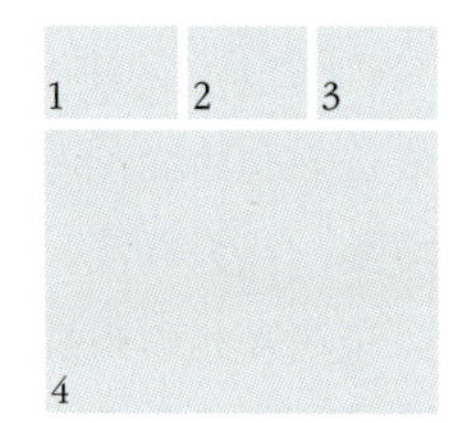

案例35：阳台花槽的季节性花卉品种配置

容器花园作为花坛植物的衍生产物，其季相变化类似花坛植物的季节性更换。

图1 冬春季节紫罗兰、香雪球，银莲花、球根花卉组合

图2 早春季节，勋章菊、薰衣草和矾根组合

图3 夏季的旱金莲、矾根组合

图4 夏秋季的长春花与蓝雪花组合

矮牵牛（包括舞春花）

天竺葵（包括藤本天竺葵）

球根秋海棠

香雪球

植物主题的灵感

容器花园的主体是花卉植物，理解并选择适合容器花园的花卉植物是设计成功的基础。常用的容器花园植物及其设计灵感如下：

增添组合的趣味性

添加香草类、蜜源类植物，能招蜂引蝶，体验花园的香气，增加容器花园的趣味性。

利用植物的特性，处理特殊的场景，如耐阴植物能点亮花园的树荫处；热带观叶植物能展示南国风光；可食用的观赏蔬菜能体验收获的快乐。

利用常绿造型树形成稳定的骨架，如"棒棒糖"造型树是常用的材料，结合草花的组合，形成的容器花园，产生既稳定持久，又有季节性的变化。

植物搭配的快乐三重奏

三基数的组合原理：容器花园的植物搭配，组合常常是有植物数量、种类、品种（花色）不等的花卉品种组合而成，常以"3"为基数。数量上以奇数为宜，如一个组合可以3株，5株，7株……种类上可以3种；花色品种变化也是3个。

容器花园组合的基本构图的3大要素：焦点植物，植物搭配中最亮眼的植物，常处在构图中心，选择花朵较大，或花朵密集、色彩浓艳的品种。陪衬植物是与焦点植物形成对比的植物，常附属在焦点植物的一侧或周边，起到填充

观叶植物为主的花箱，观赏期更长

各种香草类植物组合的容器花园

可食性的草莓观果花槽，趣味性爆棚

彩叶草、鬼针草、美女樱组成的三重奏

矮牵牛、鬼针草、马蹄金组成的三重奏

作品“彩蝶纷飞”

平衡与构建基础或骨架的作用，选择花朵小，或枝叶松散、色彩淡雅的品种。边垂植物在花卉搭配中，起到将花材与容器融合的作用，处在花卉与容器之间的植物，即容器的边缘，选择蔓性、半蔓性、枝叶下垂的品种。通过这三大类植物，容器花园植物搭配就能形成主次分明、疏密有致、整体协调的景观效果。作品"彩蝶纷飞"，采用2株橙红色的何氏凤仙（*Impatiens walleriana*）与3株半蔓性的紫色美女樱（*Verbena hybrida*）构成主题花。再用斑叶香妃草（*Plectranthus glabratus*）陪衬和勾勒线条，其松散的叶片，成对排列好似彩蝶，使组合盆花有了浓烈的春天

案例36：采用快乐三重奏产品组合法的容器花园

图1 花市上提供的天竺葵、矮牵牛和活血丹不同花色组成的三个素材，作为容器花园DIY的半成品

图2 快乐三重奏的容器花园

图3 舞春花的3个花色组成的花篮半成品

图4 舞春花花篮的成品

的气息。斑叶香妃草作为组合盆栽的陪衬材料，其特别之处在于拱形的枝条可以成为花卉组合中的基础骨架花材，起着陪衬作用，可以用来勾勒组合盆栽的线条，能很好地表现出虚实变化的花卉组景效果。

容器花园的设计图纸表达

图标示意图：将花卉品种配置与容器的关系，采用图标来表示，包括品种名称和数量以及位置的示意图。如图标示意图，组合名称："罗马之美"，容器直径16英寸（40cm）。图左边设计示意图，3个图标分别表示所用的3种花卉：2棵矮牵牛、2棵南非万寿菊和2棵美女樱以及在容器中的位置；右边是成品的效果。

照片示意图：用花卉品种的照片代替图标的示意图，这样更直观易懂。方法同图表。作品"万花筒"，由2株玫红色的藤本天竺葵与小花型的花卉组合形成色彩缤纷的悬挂花篮，按图同深红色的小花舞春花（Calibrachoa）'Callie Coral Pink'，白色的假马齿

"罗马之美"的图标示意图和成品

"万花筒"的植物照片示意图纸

作品"万花筒"

苋（Bacopa）‘Calypso Jumbo White’和蓝色的半边莲（Lobelia）‘Techno Blue’组合的悬挂花篮。

容器花园的庭院布置平面图

容器花园布置的庭院往往由若干个容器花园组合装饰某个特定庭院空间，同花园设计一样，可以制作一张平面图，标明各种容器花园在场地内的位置与环境的关系。

容器花园的产品与生产

容器花园产品的生产

容器花园的制作，无论是花箱、花钵还是花球，预先在苗圃培养是最提

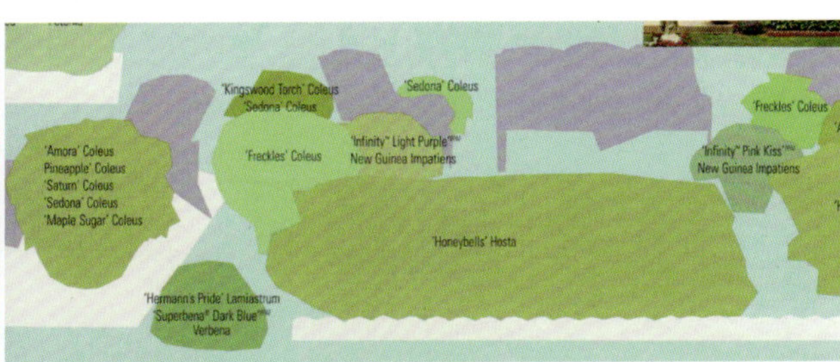

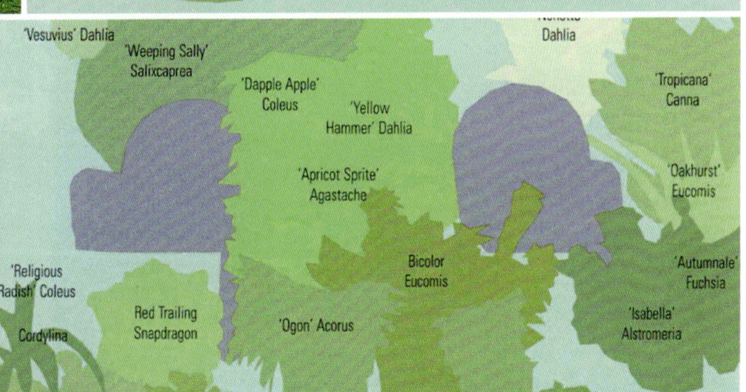

案例37：容器花园的庭院布置平面图

组合盆栽称为“容器花园”，是因为它彻底改变了曾经的花园必须拥有一块不小的场地，需要有专业的园艺种植和养护技能。当今的人们，生活节奏快捷而忙碌，他们需要享受花园的乐趣，但无暇顾及花园植物的养护。容器花园便提供了“快捷、便利、有趣”的花园体验，无论你的户外空间大小，只要有个平台、露台，哪怕是个阳台，摆上几盆组合盆栽，便能迅速形成一个独特的花园

图1 屋前的硬装平台上，采用不同的容器花园，设计出一个温馨的小花园

图2 屋前容器花园的设计平面图，更像一个盆栽位置的示意图

图3 小空间的花园设计，采用容器花园更加便捷

图4 小空间的容器花园设计平面图

图5 户外空间设计成的生活场景，采用组合盆栽，通过摆放形成的容器花园

图6 户外容器花园的平面图

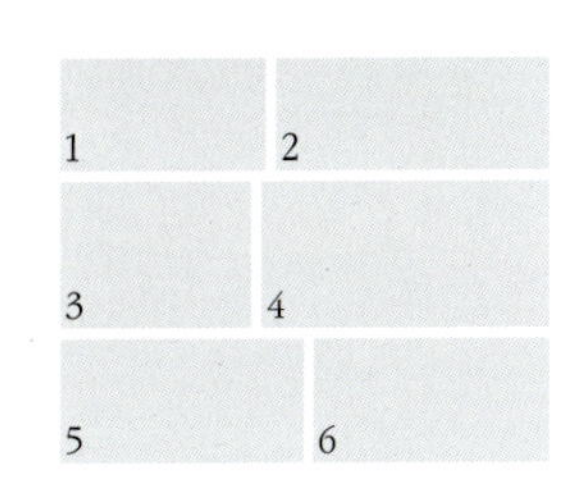

在苗圃预先种植小苗的花球

花球的效果

一年一度的上海国际花展上亮丽的景观“彩虹桥”就是由预生产的花球组成

上海锦彩园艺有限公司基地生产的悬挂吊袋

倡的方法，这样能较好地满足花卉的生长需求，大大提高其观赏性并延长观赏期。同时要考虑到操作的便捷、安全和卫生。花球是在苗圃内将花苗预先种植，p412右上图是浦东上南路世博园入口处布置的生长完好的花球，展示了完

上海鸿园花卉专业合作社基地预生产的花槽

预生产的花槽在上海浦东联洋商业广场的应用效果

上海街头在交通道路上现场种植花箱，施工质量难以保证，并有安全隐患

整的健康美。

种苗种植是容器花园主要的种植方法。因此，选择苗龄较小的花苗是推荐的种植方法。不同的容器种植数量也是有讲究的，应该保证花苗有一定的生长空间，形成自然融合的花园效果。我国目前许多情况，是在需要布置的现场用成品盆花直接组装式的种植。这种方法难以把握容器花园的效果，如植物间的相融性、生长空间等；现场直接种植的施工，对环境的影响面大，施工精细度差，有时还有安全隐患。

容器花园产品的商业化

容器花园之所以称为花坛植物的衍生产品，其产品的商业化是重要标志，有别于一般组合盆栽；商业化的产品是容器花园走向大众，进入千家万户的有

苗圃预生产的容器花园，可以移动至现场布置应用，既保证了效果，又方便施工

容器花园生产流水线

容器花园的批量生产

欧洲的窗台上的花槽样式是统一生产的产品，便于普及应用，说明大多数的住宅是容器花园产品的消费者

容器花园的安装宜在花槽内的花卉处于初花期时进行，种植不宜过密，便于健康生长

初花状态的花卉经过3周左右的生长，自然茂盛，即可进入盛花期

效途径。与花园粉丝们自己制作个性化的容器花园或组合盆栽不同，绝大多数的普通民众是通过购买半成品或成品的容器花园直接体验容器花园给他们的生活环境带来的愉悦。

欧美地区的容器花园之所以普及，家家户户窗台、阳台和庭园内大量使用各种花槽、花箱和悬挂花篮。各种容器花园的花卉品种之丰富，配置之协调，令人叹为观止。其中重要原因之一就是容器花园产品高度商业化了，即大多数用户是购买容器花园的产品直接使用。作为花卉产品，容器花园的产品生产已经形成了完整的产业链，包括组

丸粒化的融合种子的容器花园，矮牵牛不同的花色被均匀混合，俨然一体

三合一混合穴盘

合品种的开发，种子、种苗及成品生产。

容器花园的产品类型

丸粒化的融合种子：将几种花卉品种的多粒种子融合在丸粒化的种子内。这项技术产品，关键在于通过试验将合适的品种融合在一起，通过播种直接形成花卉品种的组合效果。品种的选择是关键技术，美国泛美种子公司处在全球的领先地位，能够提供许多产品。

混合穴盘苗：三合一（3-in-1）混合穴盘苗是最主要的产品类型，将选择的3个品种的种苗，培养在三合一的特制穴盘内，形成混合穴盘苗。根据容器的大小，单个或数个混合穴盘苗可以直接形成一个完整的容器花园。由于种苗的选择性比起种子更加广泛，能提供的种苗组合更多，种植培养的成功率更高，特别受到种植商的欢迎。

容器花园的成品：苗圃直接生产容器花园的成品，包括悬挂花篮、花槽、各种容器，提供给庭院和市政花卉布置应用。这类产品可以直接摆放、应用。容器花园的产品开发，即花卉品种的组合配置需要大量的试验与观察，形成可以生产的品种组合。欧美的花坛植物生产商早已看到其中的商机，各种新颖的组合方案不断涌现，并利用一

矮牵牛、美女樱和马蹄金三合一混合穴盘苗

由三合一混合穴盘苗培育成的容器花园

1 2
3 4
5

案例38：三合一种苗生产的容器花园

图1 采用鲜艳玫红矮牵牛、白色美女樱和宝石蓝的半边莲三合一的扦插苗，待种植

图2 三合一的扦插苗已经产品化了

图3 30cm悬挂花篮，每个花篮建议种植3棵三合一的苗

图4 三合一的扦插苗，与容器花园成品的展示

切机会加以宣传推广，吸引广大的消费者，形成了完整的容器花园生产、开发的产业。这类产品的生产在我国尚未形成，应该是传统草花生产苗圃产品升级换代的机会。

容器花园的场地布置要点

市政公共场所的容器花园的布置

我国容器花园的主要用于市政公共场所，这与欧美国家的情况不同。容器花园的布置要根据环境条件，确定容器花园的类型，如花槽、花箱还是悬吊的花球，以及各种容器的组合与搭配，充分考虑所选容器与场地的关系，同时兼顾容器花园的观赏性和其生长条件，以及场地功能的正常使用，包括交通、休闲、安全和卫生等。根据不同场所的功能要求，结合容器花园的特点进行合理的布置，做到既营造出美化环境的花卉景观，又有利于植物生长，同时与场所功能相吻合的效果。容器花园常用的场所：

社区广场上的容器花园布置：城市公共社区应用容器花园的场所很多，场地相对宽敞的地方，如有较宽人行道的边上，尤其是道路交叉路口等，以及社区内部的空地广场，这些地方也往往是人们的视觉焦点，是花箱等容器花园布置的理想场所。花箱可以单个摆放，也可以数个组合形成一景。

花球在城市公共场所应用确实能起到丰富空间色彩的效果，是其他花卉应用形式难以替代的，但是花球的应用必须同时考虑其安全性和日常养护问题，尤其是水分和养分的提供。如上海闹市街头的花球，为狭小的空

欧美的容器花园产品开发：单株花苗，18棵约10英镑

欧美的容器花园产品开发：简单地组合成可以直接应用的容器花园的产品，每组的价格为20英镑，翻了几倍

浦东大道上7个一组摆放的花箱，花材有变化，分别是天竺葵和八仙花组合、南非菊和矮牵牛组合，两组花箱配置成景

社区广场，容器花园不仅是观赏的景点，也可以兼具分割空间、道路引导的作用

道路的转角处往往是摆放花箱的重要场所

各种花卉的花箱摆放在一起形成一景

多箱一体式组合花箱，两边低中间高形成变化

浦东世纪广场周边的道路沿线成行摆放的以天竺葵为主要花卉的花钵和矮牵牛灯杆挂花

浦东世纪大道东方路口方形花箱，或三五一组，或成排摆放，矮牵牛和南非菊组合，形成中间高、四周低的丰满的圆球形构图，花色的变化也协调一致

上海南站广场上座凳花箱，天竺葵、大花耧斗菜和矮牵牛形成色彩绚丽的景观

间增添了浓浓的植物色彩，为人们在喧嚣中找回了一些自然的气息。

交通道路上的容器花园布置：市政公共场所中，各种道路是连接社区和商务活动中心的纽带，是城市的血脉，容器花园的各种花槽、花球的合理装饰，可以大大增添街道美景，活跃气氛，增加城市的活力。容器花园必须结合道路的特点和功能进行布置。主要包括满足道路功能，美化道路景观，有利于花卉植物的生长以及安全施工、养护等操作。

上海延安东路西藏南路口，高低错落的花球和下面的花钵与绿地花卉相得益彰

上海静安区的人行道上由花槽连成的隔离带，既美化了环境，又起到了人车分离的功能

上海常德路上沿人行道摆设的多箱一体式组合花箱，花卉景观独特

挪威城市街道上的组合花箱，金黄色的鬼针草与深蓝色的相思草，色彩对比强烈

上海延安中路人行道上用各种花槽的组合，使花卉装饰形成景观

上海华山路中心机动车隔离栏上的花槽

人行道的容器花园，以不影响行人的活动为原则，特别是我国城市人口密集，道路资源有限，相对比较狭窄，因此以人行道的边缘与道路的分隔处为布置的重点。如以矮牵牛为基调，并间隔有一组南非菊、秋海棠和蕨类组合的花槽。采用间隔摆放为主，间隔的密度和体量视道路宽度和道路等级而定，但路口、转弯处常常作为布置的重点。间隔宜采用数个一组，有节奏变化的布置，避免单个花箱或花钵等距，类似士兵站岗式的摆放，机械而呆板，缺乏美感。道路边缘，花箱结合灯杆挂花，可以丰富花卉景观的层次。小镇的中心街道，如桥梁、河岸、通道上都是容器花园布置的场所，给人们的户外空间增添花园的氛围。

机动车车道中央分隔带，道路宽的有绿化分车道，可以种植绿化隔离带，而容器花园，主要是以花槽的形式用于道路狭窄而重要的景观道路。常用连续布置为主，起着分隔车道的作用，同时美化城市道路。组合的花卉品种和安装特别需要注意操作性和安全性。

城市道路中的人行天桥往往是容器花园布置的良好场所，人行天桥一般设在交通繁忙的路口，这些场所往往是视觉的重点，具有空间的层次感。天桥边缘采用花槽挂花是常用的方法，如图天桥上矮牵牛组成的花槽。这种花槽也适合城市中的高架桥，可以增添立体层次景观效果。

商业广场上的容器花园布置：城市的商业广场是人们工作、生活、休闲的活动场所，有相当大的户外空间，由于人员的密度高，活动频繁，活动场地以硬地为主，容器花园便是植物景观的主要形式。主要用在车站广场和户外餐馆两类场所。

车站广场是城市人流聚集、活动的场所，有较大的空间，容器花园可以几个容器组合点缀装饰成景，或直线排列起到分隔空间和导流的作用。大容器往往是这些

上海徐汇区街道上花槽内月季花量大，也是很好的材料

场所的主要形式，宜与环境匹配，高达2.5m的花柱，成行排列在上海站的站前广场，使人们一进入上海便感受到喜庆的氛围。

城市地标旅游景点，往往是游客不断，人流活动的重要场所，上海外滩滨水区的大型花卉景墙“缤纷星空迎世博”，在如此高密度的游人区域有一处500m²的花卉景观，需要持续不断的观赏性，才能满足如此重要场所的景观要求，容器花园就是沿用了花坛技术，这是容器花卉的独到之处。

露天的户外用餐区域是展现城市风情、风俗和民风的场所，不仅吸引着众多的游客，也是当地民众活动的聚集地。这些露天用餐区域往往聚集而置于城镇的中心广场，或依附于餐馆，形成以餐馆为主的商业一条街，国内也常称为商业广场。容器花园无疑是这些硬地广场上体验花卉植物景观的最佳方式了。容器花园在户外用餐区域除了营造花卉植物景观，美化餐馆的环境，还可增添自然与都市生活融合的氛围。餐厅外围的围栏采用连续摆放的花槽，并在上方间隔悬挂花篮，营造出空间层次丰富，花卉景观气氛浓烈的就餐环境。容器花园的设置还起着空间组织、分界和引导人流等功能性的作用。

容器花园和环境主题的一致性是城市容器花园应用成功的关键。这一点怎么强调都不会过分，尤其在代表地方特色的商业广场。这就要求设计人员对容器和所用花卉的形状、大小、材质、色彩和数量等与环境的主题充分考虑。也就是做到所用的容器花园完全成为环境的一部分，有机融合（详见案例39：上海衡山路啤酒吧容器花园）。

住宅庭院内的容器花园布置

容器花园适合那些宅前屋后没有足够的花园场地，但又希望享受花园乐趣的人们提供了一个快速、简易、有趣的解决方案。尤其在城市住宅的户外空间

浦东一过街天桥上矮牵牛组成的花槽

赫尔辛基主火车站站前广场的容器花园

上海站的站前广场的花柱

外滩花墙的花卉图案需要通过季节性更换以保持其景观效果，包括夜景模式，是花坛技术的沿用

面积有限，且场地硬化，只需在小小一个容器内，如花钵、花箱、花槽、花球等，能欣赏花卉品种的搭配，植物的萌芽、展叶，花开花落，并进行摘除枯叶、残花，施肥、浇水甚至植物的更换等，满足人们所有的花园体验。这也是本书称其为容器花园的原因，尽管国外也称其为组合盆栽。区别于国内部分追求艺术性为主的组合盆栽，容器花园的产品化，并广泛应用于住宅庭院，是花卉产品进入大众日常生活的主要途径，大大促进了这类花卉产品，即花坛植物产品的产业发展。容器花园在我国并没有从产品的产业链的层次进行开发，大众消费这类产品的意识非常弱，应该引起花坛植物从业人员的重视，好好抓住这一潜在的发展机会。

为了得到良好的效果，结合环境条件，选择合适的花卉种类和品种，布置合适的容器花园类型非常重要。不仅具有较好的景观效果，引人注目，布置的容器花园与住宅建筑合二为一，整体协调，同时满足花卉植物的健康生长。住宅庭院中可以布置容器花园的场所主要有门廊、台阶、窗台花槽、阳台露台、屋檐廊下和庭院空地等。

门廊：住宅的大门和门廊是配置容器花园的重点，对称布置是最常用的形式。一对与房门匹配的容器花园起到了迎宾的作用，给访客留下美好的印象。空间较大的门廊则可以丰富些，往往有各种容器的

上海静安公园门口餐饮部的容器花园

上海浦东联洋广场户外餐厅的容器花园

欧洲小镇街头餐厅的围栏花槽与悬挂花篮布置成容器花园

花槽是露天餐厅围栏最常用的容器花园形式，花槽是批量生产的产品

花槽的摆饰组成景观的同时，还引导着游人的行走路线

案例39：上海衡山路啤酒吧容器花园

花箱位置： 衡山路领馆广场

花箱尺寸和数量： 2.5m×1.2m，数量8只

主要花卉品种： 天竺葵、大花耧斗菜、山牵牛（黑眼苏珊）

设计构思：

上海市衡山路宝庆路紧邻领馆区，道路两旁繁茂的悬铃木和林荫中颇具特色的欧式建筑，为衡山路增添了浓郁的异国文化气息。啤酒吧花箱的设计是结合了街道上的建筑风格，包括色质和其他装饰物件，如怀旧的路灯，尤其与领馆周边的各色酒吧相融合。花卉品种的选择上以玫红色的天竺葵作为主题与啤酒桶有柔和的一致性，也不乏变化；周边利用黑眼苏珊蔓枝垂叶将花卉和容器融合为一体，在原设计的基础上混栽了大花耧斗菜，松散的枝叶和密实的天竺葵形成了虚实变化，加上其奇特的花朵更增添了自然气息和休闲的情趣

1　2　3　4　6　5

制作技术：

图1 花箱经过加固、除虫、防腐、定型等处理后加工成型，使其在户外耐腐性强、不易变形、不易虫蛀等，结构稳固

图2 花卉与土壤准备：选用含复合生物有机肥的培养土种植花卉。由于啤酒桶中的花卉要求种植得饱满，可将土适当堆高，种植前土壤须先进行浇水沉降，直至达到理想效果。花卉材料在进场时严格按设计要求的品种、花色和规格进行把关，确保质量符合要求

图3 花卉种植：由经过培训的技术人员，在充分领会设计意图的基础上进行种植，保证设计和实景的一致性

图4 按原设计完成的啤酒桶花箱

图5 在原设计的基础上添加了大花楼斗菜的优化成品

图6 沿街安置几组啤酒桶花箱配置一些悬挂的花球，营造出别具风情的酒吧街

组合，包括悬挂花篮、藤本架和落地盆栽等，形成丰富的花园效果。

台阶通道：住宅的周边，有各种通道，以及台阶的转角处也是容器花园布置的场所，起到整个住宅容器花园的连接作用。

窗台花槽：窗台是住宅建筑植物装饰最多，也是最佳位置，小小的花槽能赋予建筑生命的活力、色彩的浪漫。个性化的植物组合能表达主人的情怀。花槽的植物除了强调足够的吸引力，花槽的边缘种植些垂枝类的品种非常必要，可以使花槽与建筑融为一体。窗台花槽的安全性必须得到保障，窗台上花槽固定卡槽非常必要。花槽内花卉品种的配置应考虑与建筑墙面的协调，整体一致，形成景观。花槽内主花色调为紫粉色的矮牵牛与粉紫墙面的强烈呼应，将花槽与整个建筑融为一体，无法拆分，相得益彰。

阳台、露台：作为半露天的户外环境，阳台、露台是仅次于庭院的较大空间。可以作为容器花园的主要场所。一方面供主人休闲，享受花园的乐趣；另一方面也是美化住宅建筑的重要举措。阳台，特别是露台，相对空间比较大，布置容器花园的类型也比较丰富。花槽悬挂仍然是主要形式，但组合花卉品种会更加丰富。花槽的牢固安装，确保安全性仍是必须的措施。阳台围栏上，常用花槽，可以是相同品种组合的重复摆放，或几个不同的花槽组合布置；悬挂花篮丰富空间层次感；如果露台的场地允许，落地的花箱、盆栽可以增添浓烈的花园氛围。

阳台与窗台是住宅建筑的两个不同的部位，却是一个整体存在的，当布置容器花园时需要总体考虑，保持整体协调，形成完整的景观。同一建筑的上下二层的

乡村的民宅，也未必一定建花园，窗台、阳台上的花槽，可提供最便捷、有趣的花园体验

奥地利著名的旅游小镇哈尔斯塔特，寸土寸金，密集的住宅虽没有花园；但所有的窗台、阳台布满了各种花槽、花球，形成独特的风景

产品化的花槽，因为方便，常用来装点建筑，即便是杂物库房，因有花槽的装饰而增添不少生活情趣

一对与房门匹配的容器花园起到了迎宾的作用，给访客留下美好的印象

空间较大的门廊则可以丰富些，往往有各种容器的组合，包括悬挂花篮、藤本架和落地盆栽等，形成丰富的花园效果

白色花卉的容器花园，使得冰凉的大理石台阶有了生机

个性化的花槽装点着各个窗台，形成建筑墙面的花园景象

窗台上花槽固定卡槽非常必要，安装好的花槽效果见下图

花槽内主花色调为紫粉色的矮牵牛，与粉紫墙面强烈呼应，将花槽与整个建筑融为一体，相得益彰，无法拆分

案例40：花槽与建筑的匹配

图1 花槽内各色矮牵牛组成斑斓的色彩，其中浅黄色矮牵牛与建筑墙面的呼应，将花槽变成了建筑的一部分

图2 花槽花卉疏密有致的组合，花卉色彩的高雅、时尚，其中白色小花与窗框色彩呼应之妙处，安置于独特的土金黄色墙面，极具异域的民俗风情

图3 色彩浓艳的花槽与稳重、华丽的建筑形成强烈的对比，使得冰冷建筑瞬间燃起生机

图4 灰白色的墙面最容易配置各种花槽

图5 成对的窗台，宜配置对称的花槽，整体感强

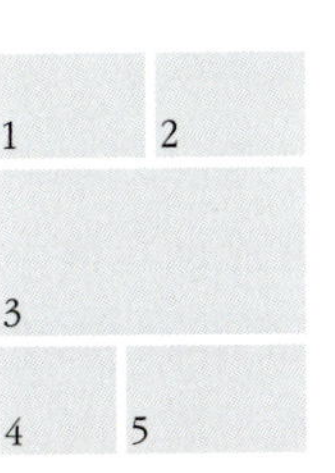

阳台围栏上，常用花槽进行美化，可以是相同品种组合的重复摆放

阳台，在花卉品种的配置上保持一致。上层阳台花槽与下层的窗台花槽风格一致，花卉品种的配置呼应。同样的如p437左上图阳台的花槽与左边窗台的花槽形成呼应，都是为了形成整体景观。

屋檐廊下：住宅的屋檐，是悬挂花篮的好地方，能将生硬、灰暗的角落点亮，带来生气。如p437左中图屋檐门廊下，木质网格片上的花槽丰富了立面景观，起到了分隔空间的作用。屋檐下的墙面，包括地面沿墙空间，可以当作容器花园景观布置的场所，点缀挂墙式花槽、花篮等，也是充分展示花卉景观的形式。简单的白墙背景几个花槽组合成景，简洁而得体，丰富了住宅的生气，见图p437右上图。

庭园空地：容器花园就是为那些住宅户外空间小、无法营造庭园的人们实现花园梦想的。如p437右中图闹市中心的沿街面的建筑，似乎没有了空间，几组容器花园配置，使得冰冷的建筑带有生命的活力。住宅较大的往往带有小庭园，花园的布置以地栽为主，有些个性化的花园为了满足人们户外活动的需求，部分地面硬化，或做成木质平台等，容器花园同样有着用武之地。

如果露台的场地允许，落地的花箱、盆栽可以增添浓烈的花园氛围

住宅的上层阳台花槽与下层的窗台花槽风格一致，花卉品种的配置也与之呼应，丰富而不凌乱，整体感强

右边阳台的花槽与左边窗台的花槽形成呼应，形成整体景观

简单的白墙背景，以几个花槽组合成景，简洁而得体，增添了住宅的生气

屋檐门廊下，木质网格片上的花槽丰富了立面景观，起到了分隔空间的作用

建筑角落安置的一组容器花园

小小的住宅庭园，在建筑墙面上配置了几组悬挂花篮、花槽，大大增强了花园的色彩和空间层次

参考文献

北京林业大学园林系花卉教研组, 1990. 花卉学[M]. 北京: 中国林业出版社.

苏雪痕, 2012. 植物景观规划设计[M]. 北京: 中国林业出版社.

夏诒彬, 1933. 花坛[M]. 上海: 商务印书馆.

叶剑秋, 2000. 花卉园艺: 初级、中级、高级教程[M]. 上海: 上海文化出版社.

Hilary Thomas, 2008. The Complete Planting Design Course[M]. Michell Beaziey Publishing Group Limited, UK.

Lance Hattatt, 1998. Gardening with Colour[M]. Robert Ditchfield Publishers, UK.

Lucy Huntington, 2013. The Basics of Planting Design[M]. Packard Publishing Limited, UK.

Mc Clements J K, 1985. Garden Color Annuals & Perennials[M]. Lane Publishing Co, USA.

Roy A Larson, 1992. Introduction to Floriculture[M]. Academic Press Inc. , USA.

Marshall Cavendish, 1998. A Practical Guide to Planning & Creating a Beautiful Garden[M]. Bramley Books, Singapore.

The New Royal Horticulture Society Dictionary, 1994. Index of Garden Plant[M]. Timber Press.

Vic Ball, 1997. Ball Redbook[M]. 16th. Ball Publishing, USA.

案例索引

植物中文名索引

Z

植物学名索引